CALLWEY

Beate Bühl

Das Haus

Wir **bauen** unser Haus

Vom ersten Spatenstich bis zum Einzug

Inhaltsverzeichnis

Wie wir schlau den Bau regeln 4

Wie wir die Nerven behalten 36

Telefonnotiz
Datum
Uhrzeit
An
Anruf von
am/um
ruft wieder an
bittet um Anruf
Nr.
Baubeginn
sofort
rotring isograph
EINGANG
EINGANG
KÜCHE
DIELE
429.2o
WC
ABST.
WF
KÜCHE
ESSEN
ESSEN
WOHNEN
DOPPELGARAGE
429.7o
TERRASSE
HEIZUNG
FLUR
marcar · firmar · rotular

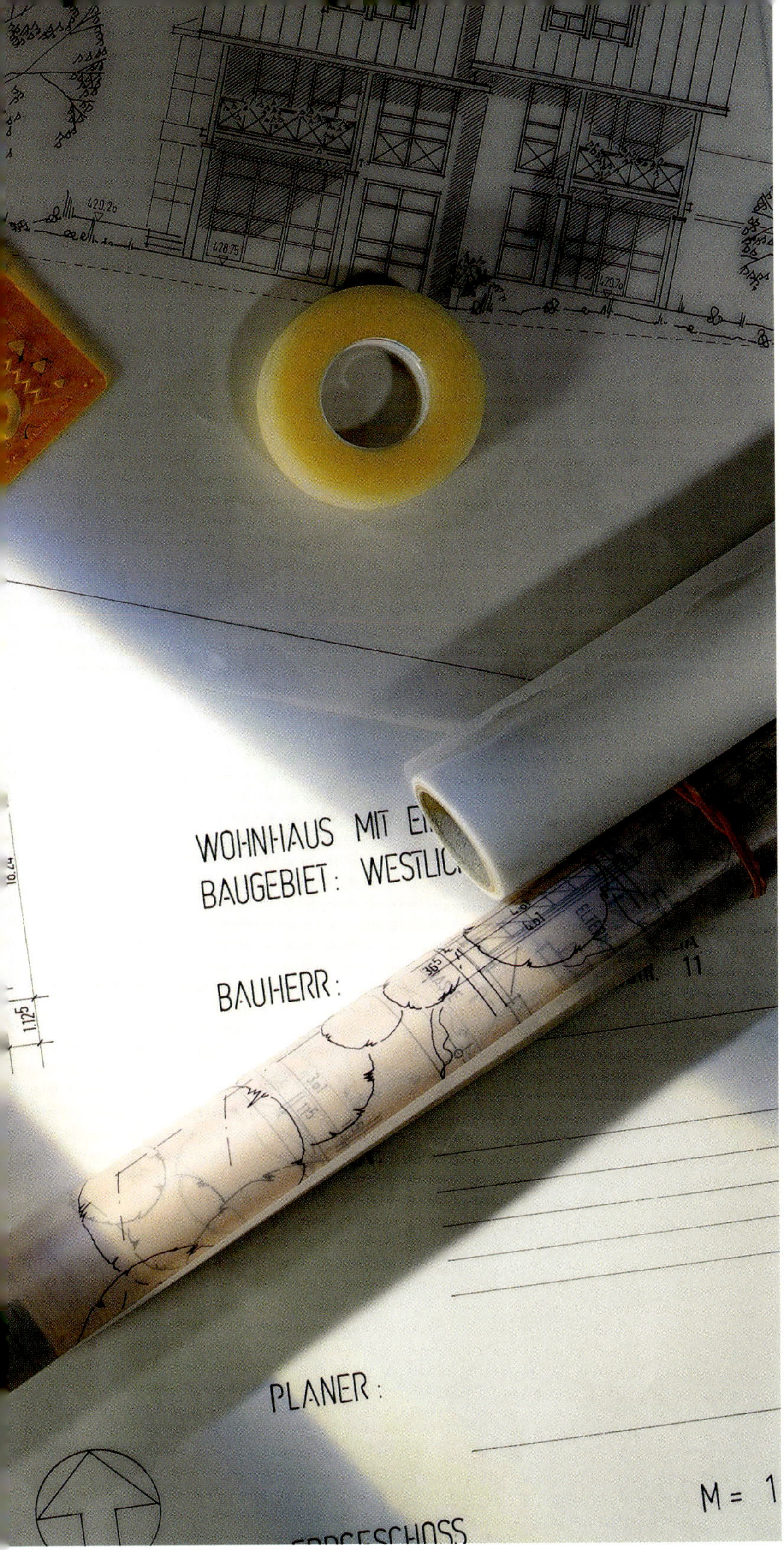

Wie wir schlau den Bau regeln

Natürlich wollen wir so schnell wie möglich einziehen, und jeder Tag auf dem Bau kostet unser Geld – wie koordiniert man eigentlich die Termine? Viele Arbeiten kann man selber machen, aber was lohnt sich wirklich? Woher kriegen wir Handwerker für den Rest? Und wie schaffen wir es, dass sie zügig arbeiten? Wir informieren uns jetzt, wie Profis eine Baustelle organisieren.

So halten wir die Bauzeit knapp

Termine planen und die Baustelle am Laufen halten

Ein Blick auf den Bauzeitenplan verrät, wer gerade auf der Baustelle arbeiten sollte und wer fehlt. Handwerker müssen für ihre Terminverzögerungen geradestehen – falls der Vertrag diese Regelung enthält. Ein Anruf genügt nicht für den Anspruch auf Schadensersatz, man fordert ihn schriftlich.

Während der Bauphase zahlen Sie gleichzeitig Miete und Kredit oder Bereitstellungszinsen, und die Baupreise steigen. Zeit ist also Geld – jeder Baustellentag kostet, Verzögerungen belasten Ihr Baukonto unnötig. Planen Sie sorgfältig die Termine und kümmern Sie sich darum, dass jeder Baupartner sie einhält – auch Sie selbst. Dann klappt es wie am Schnürchen, und Sie wohnen bald in Ihrem eigenen Haus.

Termine planen

Hilfreich ist ein Termin-Ablaufplan: Er zeigt, wer wofür zuständig ist und wann, wie Bauherr, Handwerker und Behörden als gutes Team zusammenarbeiten. Mit einem Plan gewinnen Sie zudem einen Überblick über Vorbereitungs-, Durchführungs- und Trocknungszeiten und vermeiden, dass der Bau ohne Grund ruht oder sich Handwerker ins Gehege kommen. Wer in etwa weiß, welche Materialmengen auf der Baustelle verarbeitet werden, plant die Bauzeit realistisch. Für ein Einfamilienhaus von 80 Quadratmetern Grundfläche hebt man annähernd 500 Kubikmeter Erde aus, gießt 25 Kubikmeter Beton zur Bodenplatte und 160 Kubikmeter zu Geschossdecken, baut 130 Kubikmeter Mauern und stellt 180 Quadratmeter Gerüst auf, verlegt an die 130 qm Dachpfannen und verputzt 140 qm Außenwände. Zirka 100 qm Kelleraußenwand werden abgedichtet und 285 qm Innenputz verstrichen, 190 qm Estrich und 105 qm Teppichboden oder Parkett werden verlegt und 75 qm Bodenfliesen. Etwa 220 qm Wände verschönert man mit Tapeten, 140 qm Decke verputzt und streicht man oder bekleidet sie mit Holz.

So lange dauert der Hausbau Diese Materialmengen zu verbauen, dauert für ein konventionell errichtetes Haus zwischen sechs und zehn Monaten. Die Tabelle rechts gibt Ihnen erste Anhaltspunkte, wie lange Durchschnittshandwerker für Durchschnittsarbeiten an Durchschnittshäusern benötigen. Rechnen Sie die eineinhalbfache bis doppelte Dauer für Arbeiten, die Sie selbst erledigen wollen. Teilen Sie die Stundenangaben der

Was dauert wie lange?

Gewerk	Arbeitszeit in Stunden
Bodenplatte und Entwässerung	105
Mauerwerk, Stürze, Schornstein	690
Abdichtung Kelleraußenwand	65
Drainage	45
Decken und Ringanker	80
Dachstuhl oder Massivdach	60
Dacheindeckung	85
Regenrinne	23
Außenputz	220
Fenster	26
Haustür	6
Heizungsinstallation	120
Sanitärinstallation	80
Elektroinstallation	95
Innenputz	215
Teppichboden	25
Bodenfliesen	140
Innentüren	20
Treppen	80
Tapeten, Anstrich	120
Deckenbekleidung	110
Badausbau	100

Tabelle durch die acht Arbeitsstunden eines Tages und die Zahl, die Sie dann erhalten, durch die fünf Arbeitstage einer Woche. Sie wissen jetzt, wie viele Wochen Sie für ein Gewerk ungefähr veranschlagen sollten. Rückt der nächste Bautrupp erst an, wenn das vorherige Gewerk abgeschlossen ist, dauert der Hausbau zu lange. Manche Arbeiten lassen sich parallel verrichten. Handwerker verschiedener Gewerke sollten einander aber nicht auf die Füße treten – man setzt sie an unterschiedlichen Hausbereichen ein: Während der Elektriker seine Leitungen in den Wohnräumen verlegt, stellt der Heizungsbauer im Keller den Kessel auf, und der Schreiner setzt die Fenster ein. Wer so geschickt plant, verkürzt die Bauzeit.

Bauzeitenplan Wer wann auf der Baustelle arbeitet und was er tut, legt man in einem Bauzeitenplan fest. Er sieht aus wie eine Tabelle: In der ersten Spalte stehen untereinander alle Bauarbeiten in der richtigen Reihenfolge – von den Erdarbeiten bis zum Außenputz. Pro Kalenderwoche Bauzeit gibt es je eine weitere Spalte. Querstriche auf Höhe der jeweiligen Arbeiten markieren die Zeit, in der sie erledigt werden sollen. Der ausgefüllte Bauzeitenplan sieht aus wie eine Treppe, die von links nach rechts absteigt. Wie Sie Ihren Bauzeitenplan anlegen, sehen Sie auf der hinteren Innenklappe dieses Buchs. Er enthält die Termine für den Bau eines aufwendigen Eigenheims. Ein einfaches Haus steht schneller – auf der folgenden Seite sehen Sie den Bauzeitenplan für eine straff organisierte Baustelle. Die Werte stellen jeweils eine grobe Kalkulationshilfe dar, denn Ihr Haus verursacht möglicherweise erheblich mehr oder etwas weniger Arbeit. Sprechen Sie die detaillierte Einsatzdauer der Handwerker ab mit Ihrem Architekten und dem jeweiligen Meister des Betriebs. Berücksichtigen Sie in Ihrem persönlichen Bauzeitenplan, dass sich Folgegewerke wegen Ausfallzeiten eines vorhergehenden eventuell veschieben, und denken Sie an Urlaubszeiten, Schulferien und die Zeiträume, in denen Sie Eigenleistung erbringen wollen.

Gekoppelter Plan Mit dem Bauzeitenplan koordinieren Sie die Handwerker-Termine und verschaffen sich Woche für Woche Überblick über den Baufortschritt – als Kontrolle für Fremdarbeiten und Ansporn für Ihre Eigenleistung. Je präziser Sie vorplanen, desto genauer lässt sich feststellen, ob Ihr Bau noch in der Zeit liegt. Zudem wissen Sie, in wie vielen Wochen Sie in Ihr Haus einziehen. Der Bauzeitenplan zeigt auch, wann welcher Bauabschnitt fertig ist – und damit Rechnungen anfallen für Handwerkerlöhne und Baumaterialien. Raffinierte Bauherren koppeln ihren Bauzeitenplan mit einem Terminplan, aus dem Anlass und Höhe von Zahlungen hervorgehen: Zwei Wochen nach Ihrem ersten Spatenstich zum Beispiel bekommen Sie eine Rechnung über 3 600 Euro für den Bodenaushub, nach sechs Wochen müssen 10 300 Euro für Bodenplatte und Entwässerung bezahlt werden, in der 12. Woche sind 7 500 Euro fällig für den Dachstuhl, in der 20. Woche verlangt der Fliesenleger 5 000 Euro für die Bodenfliesen – bei Ihrem Haus können diese Beträge natürlich abweichen. Sie benötigen also in regelmäßigen Zeitabständen größere Geldsummen – ab Seite 32 lesen Sie, wie Sie den Finanzfluss am besten organisieren. Besprechen Sie Ihren Bauzeitenplan mit Ihrem Kreditgeber, damit er das Baudarlehen möglichst rechtzeitig zur Verfügung stellt.

Genaue Vorgaben Ein exakter Bauzeitenplan hilft allen Baupartnern, sich termingerecht vorzubereiten, pünktlich auf der Baustelle zu erscheinen und ihre Arbeit beizeiten fertig zu stellen. Der ausgeklügeltste Terminplan wird allerdings hinfällig, wenn Sie Ihre Eigenleistung wegen Krankheit oder eines unvorhergesehenen Familienereignisses nicht bewältigen. Der finanzielle Ausfall Ihrer Eigenleistung lässt sich versichern: Sie bekommen eine vereinbarte Summe, um auf die Schnelle noch Handwerker mit der Arbeit zu beauftragen und zu bezahlen – mehr Versicherungs-Infos im Band I von *start! Wir planen unser Haus* ab Seite 114.

Bauzeiten-Plan: Hausbau in 6 Monaten

	1. Monat	2. Monat	3. Monat	4. Monat	5. Monat	6. Monat
Aushub	1.+2. Woche					
Grundleitungen	3. Woche					
Bodenplatte	4. Woche					
Keller		1.+2. Woche				
Erdgeschoss		3.+4. Woche				
Dachstuhl			1.+2. Woche			
Dachdeckung			3.+4. Woche			
Abdichtung Dachanschlüsse			4. Woche	1. Woche		
Elektroinstallation			3.+4. Woche			
Heizungsinstallation			4. Woche	1. Woche		
Sanitärinstallation			4. Woche	1. Woche		
Fenstereinbau			4. Woche	1. Woche		
Gerüstaufstellung				1. Woche		
Rollladeneinbau				2.+3. Woche		
Innenputz				2.+3. Woche		
Außenputz				3.+4. Woche		
Estrich				4. Woche		
Haustüreinbau					1. Woche	
Fliesen					2.+3. Woche	
Treppen, Türen					3.+4. Woche	
Tapete, Anstrich					4. Woche	1. Woche
Bodenbeläge						3. Woche
Außenanlage					3.+4. Woche	1.+2. Woche

Termin-Überschreitung Die meisten Bauunternehmen werden die Arbeiten an Ihrem Haus rasch und zügig erledigen, sie wollen den Ruf ihrer Firma erhalten und die Rechnung stellen. Manche Handwerker sind sehr gefragt, bedienen (zu) viele Baustellen gleichzeitig und geraten in Terminschwierigkeiten. Andere Firmen könnten sich leider als unzuverlässige Baupartner erweisen, trotz Empfehlung von Bekannten. Ganz gleich, warum: Rechnen Sie damit, dass jemand Sie einfach sitzen lässt. Häufige Ausreden: Fahrzeug defekt, Mitarbeiter krank, Lieferschwierigkeiten des Herstellers. Nicht Ihr Problem, solche Ereignisse hat der Unternehmer zu organisieren und zu verantworten.
Druck machen »Betriebsstörungen oder Transport- und Lieferschwierigkeiten können die Bauzeit verlängern« – sollte ein Betrieb Ihnen einen Vertrag mit diesem Passus vorlegen: auf keinen Fall unterzeichnen! Vereinbaren Sie stattdessen schriftlich eine Konventionalstrafe für Verzögerung – üblich sind je Tag 0,2 % der Brutto-Auftragssumme, aber maximal 10 %. Behalten Sie sich darüber hinaus einen Ausgleich vor für Schäden, die eine Verzögerung verursacht. Eine pauschale Strafzahlung deckt den Rattenschwanz an Folgeschäden unter Umständen nicht vollständig ab.
Termine vereinbaren Der Handwerker muss nur zahlen, wenn Sie eine Terminüberschreitung nachweisen. Vereinbaren Sie Beginn und Abschluss der Arbeiten klar und schriftlich. Legen Sie Termine nach Kalenderwochen fest, etwa: »Einbau von Heizanlage und Sanitär-Rohinstallation erfolgt in der 32. bis 34. Kalenderwoche.« Noch etwas: Der Handwerker muss die Bauverzögerung fahrlässig verschulden, damit Sie ihn – zusammen mit einem Rechtsanwalt – belangen können. Fängt er nicht rechtzeitig an, weil Sie mit Ihrer Eigenarbeit in Verzug geraten sind, oder muss er zuerst einmal Ihren Pfusch korrigieren, gehen Sie leer aus. Wägen Sie auch kritisch Sonderwünsche und Planänderungen ab, die Ihnen während der Bauzeit noch einfallen.

▶ Ihr gutes Recht: **Viele Mustertexte und eine hilfreiche juristische Erstberatung gibt es unter www.haus.de/recht**

Was müssen wir wann erledigen?

Die Handwerker schuften, die Baustelle mausert sich langsam zum Haus. Für Bauherren gibt es jetzt noch allerhand zu tun. Haken Sie ab, was erledigt ist.

1. Woche: *Der Architekt zeichnet Ausführungspläne im Maßstab 1:50. Wir beantragen Strom, Wasser, Telefon und Gas für Baustelle und Haus. Und schauen in den Mietvertrag, um die Wohnung rechtzeitig zu kündigen.* ❍

7. Woche: *Die Handwerker reagieren mit Angeboten auf unsere Ausschreibung. Wir machen Verträge mit ihnen und legen Termine fest.* ❍

9. Woche: *Die Baustelle wird eingerichtet. Wir schließen Versicherungen ab, die uns noch fehlen, etwa Brand- oder Wohngebäude-, Bauwesen- und Bauherrenhaftpflichtversicherung.* ❍

10. Woche: *Die Erdarbeiten sind in vollem Gang, wir schicken eine Kopie des Versicherungsscheins für die Brand- oder Wohngebäudeversicherung an unsere Kreditgeber.* ❍

16. Woche: *Das Dachgeschoss wird gemauert, wir beantragen die Rohbauabnahme beim Bauaufsichtsamt.* ❍

21. Woche *Die Fenster werden eingesetzt, wir schließen eventuell eine Glasversicherung ab.* ❍

30. Woche: *Der Öltank ist eingebaut, wir schließen eine Gewässerschaden-Haftpflichtversicherung ab und bestellen Heizöl fürs neue Haus.* ❍

32. Woche: *Die Fassade wird verputzt, wir verschicken die Fertigstellungs-Anzeige ans Bauaufsichtsamt.* ❍

check

So sparen wir durch Selbermachen

Wann es sich lohnt, was wir dürfen und wie begabte Freunde uns helfen können

Wer viel Zeit hat und Spaß am Selbermachen, kann sein Haus komplett in Eigenregie errichten. Bausätze mit Montageanleitung und Baustellenbetreuung ebnen auch Familien mit Mini-Budget den Weg zum Eigenheim.

Bauen in eigener Regie oder Profis ranlassen? Handwerkerlöhne machen immerhin 50 bis 60 Prozent der Baukosten aus. Da lohnt es sich, selber anzupacken – aber nur, wenn man auf der Baustelle viel Zeit verbringen kann.

Euphorie bremsen

Möchten Sie Ihre Ausgaben für Handwerkerrechnungen um 10 Prozent drücken, müssen Sie ungefähr 1 000 Stunden Eigenarbeit leisten – für eine Ersparnis von 20 Prozent schuften Sie 2 000 Stunden usw. Innerhalb eines Jahres schaffen voll Berufstätige 500 bis 1 000 Stunden auf dem Bau; Plackerei nach Feierabend und am Wochenende spart also maximal ein Zehntel der Handwerkerlöhne. Wer mehr sparen will oder muss, opfert seinen Urlaub oder spricht mit seinem Arbeitgeber über ein »Sabbath-Jahr«, also unbezahlte Auszeit. Vergleichen Sie Ihre Monatslöhne oder Ihr Jahresgehalt (plus Urlaubsgeld und Weihnachtsgratifikation) mit der Baukosten-Ersparnis – so sehen Sie schnell, ob sich das für Sie lohnt. Wie man mit vollem Job die Zeit einer Woche sinnvoll einteilt, zeigt das Diagramm auf der Seite gegenüber.

Wie viel Ersparnis wirkich drin ist Wenn Sie mehr als 25 Stunden pro Woche für den Hausbau aufbringen, vielleicht gar Freunde und Verwandte helfen, lassen sich bis zu 30 Prozent der Handwerkerlöhne sparen. Mehr ist in der Regel nicht drin. Einige Arbeiten sind selbst für geschickte Heimwerker im Alleingang zu aufwendig oder gefährlich: Der Aufbau eines Gerüsts zum Beispiel, Arbeiten auf dem Dach und am Kamin. Ausschließlich Profis dürfen das Sanitär-, Heizungs- und Elektronetz installieren, Laien sind nur als Helfer im Team erlaubt. Manch eine Arbeit ließe sich zwar theoretisch selber erledigen, lohnt sich aber überhaupt nicht oder wäre völlig unsinnig: Man könnte beispielsweise die Baugrube von Hand ausheben – ein Bagger buddelt jedoch schneller und hat nachher keine Kreuzschmerzen. Das größte Einspar-Potenzial birgt der Rohbau: In der Rechnung für das Haus-Gerippe stecken 5,8 Prozent Maurerlohn und 10,6 Prozent für die Betonarbeiter; Zimmerer und Schreiner kassieren für ihre Arbeit 6,4 Prozent der Baukosten. Ein Sack Zement wiegt 50 Kilogramm, Keramikfliesen für einen Quadratmeter Boden oder Wand etwa 14 Kilo: Wollen Sie am Rohbau mithelfen, sollten Sie auf jeden Fall gesund und kräftig sein. Wer schon Bandscheibenvorfall oder Leistenbruch hinter sich hat, kann sich schwere Rohbau-Arbeiten gleich abschminken. Natürlich zehrt auch der Innenausbau an Ihren Körperkräften; er setzt Sie aber zeitlich weniger unter Druck. Voraussetzung: Alle Hausbewohner – also Sie und Ihre Familie – ertragen über Monate ein Leben auf der Baustelle, und die Profi-Handwerker werden durch Ihre Einteilung nicht an Anschluss-Arbeiten gehindert. Erledigen Sie vorzugsweise Arbeiten, die lohnintensiv sind und für die sich ein größerer Maschineneinsatz nicht rentiert.

Das können Sie selbst

Begnadete Heimwerker schaffen, eventuell nach Anleitung durch einen Profi, eine ganze Menge: Mauern errichten, Betondecken einziehen oder Hohlkörperdecken verlegen, Treppen bauen und die Keller-Außenseite mit Isolierputz streichen, Drainagerohre verlegen, die Fassade verputzen und streichen, Schlitze schlagen und Leerrohre einziehen, Innenwände verputzen, Türen und Fenster einbauen, die Dachschräge und Wände dämmen und Leichtbauwände montieren. Selbst wenn Sie blutiger Laie sind, werden Ihnen folgende Arbeiten gelingen: Schnurgerüst anlegen und Fundamentgräben ausheben, Rohrleitungen und Kellerdecke dämmen, Innenwände streichen oder tapezieren, Fertigparkett oder Laminat-Elemente verlegen, Teppichboden und Fliesen verkleben, den Garten bepflanzen und einfrieden.

Professionell arbeiten Fleißigen Heimwerkern ist es durchaus möglich, sich den Lohnanteil am Bau zu erschuften. An den Kosten für Baumaterialien lässt sich hingegen kaum etwas sparen. Hüten Sie sich davor, allerlei Sonderangeboten nachzujagen. Sie zahlen zwar hie und da ein paar Hunderter weniger, haben es allerdings häufig mit B-Ware zu tun, an der Sie vielleicht nicht lange Freude haben. Wichtig für Bauherren, die ihr Haus vom Bauträger kaufen: Eine Baubeschreibung sollte neben den Einzelpreisen für Bauteile wie Türen, Fenster und Fliesen auch die Baupreise für mögliche Eigenleistungen enthalten.

Termine einhalten Legen Sie vor Abschluss des Vertrags mit dem Bauunternehmen den Abzug für Ihre Eigenarbeiten fest. Der Bauvertrag regelt dann im Detail, wer welche Arbeiten übernimmt. Nach Baubeginn darf Ihre Eigeninitiative nicht den Terminplan der Baufirma durcheinander bringen. Denn wird Ihr Part nicht zum vereinbarten Termin fertig, müssen die Handwerker ihren Arbeitsbeginn verschieben – und das kann teuer werden, ist in jedem Fall ärgerlich. Konzentrieren Sie sich lieber auf Arbeiten, die im Bauablauf erst ganz zum Schluss drankommen und die Sie sich zeitlich einteilen können: Boden- und Wandbeläge anbringen, Wände und Decken malern, die Außenanlagen gestalten. Für selbst erledigte Arbeiten gibt

Haus fertig, Ehe auch?

Intakte Familie trotz Bau-Stress: Erübrigen Sie Zeit für Erholung und Vergnügen.

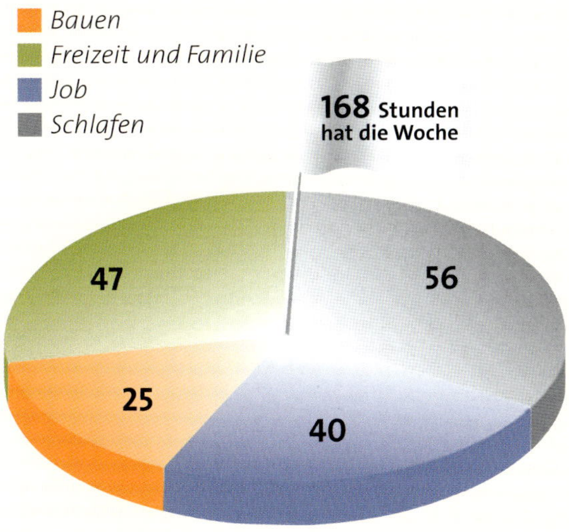

Selbst geschickte Hobbyhandwerker benötigen fürs Buddeln oder Mauern doppelt so lange wie Profis. Wollen Sie zehn Prozent der Baukosten sparen, müssen Sie 1 000 Stunden im Jahr mit anfassen. Das heißt: 25 Stunden pro Woche einplanen bei 40 Arbeitswochen im Jahr – 12 Wochen entfallen wegen Regen, Schnee und Urlaub. Wenn Sie hingegen von jährlich 52 Arbeitswochen ausgehen, werken Sie wöchentlich 20 Stunden auf dem Bau – muten Sie sich nicht mehr zu.

es keine Gewährleistung. Damit ließe sich leben, manch ein Handwerker jedoch könnte Ihre Eigenleistung als Vorwand für eigene Schlamperei nehmen. Oder die Haftung für Bauschäden berechtigt zurückweisen, etwa weil Sie ein Dichtungsband vergessen haben oder der Untergrund unsachgemäß vorbereitet war. Führen Sie Ihre Aufgaben aus wie ein Profi – erkundigen Sie sich genau, wie man die Arbeiten fachgerecht ausführt.

Werkzeug kaufen oder mieten

70 Prozent aller Bauherren machen irgendetwas selbst, seien es auch nur Kleinigkeiten wie das Finish der Wände oder das Einhängen von Fenstern und Türen. Die Ersparnis ist zwar gering, die Arbeit fördert aber den Spaß am Haus – vorausgesetzt, alles klappt nach Wunsch. Wissen, Erfahrung und Geschick bestimmen, ob Sie selber werkeln oder lieber Handwerker beauftragen. Sogar begabte Heimwerker brauchen mindestens doppelt so lange wie routinierte Berufshandwerker. Ohne gut ausgestattete Werkstatt ist man als Bauherr aufgeschmissen. Handwerker verleihen ihr Werkzeug ausgesprochen ungern. Und wenn überhaupt, dann gegen Geld. Sie brauchen eine sorgfältig ausgewählte Werkzeug-Kollektion zwischen Basisausstattung und Liebhaberei, die nicht ganz billig ist. Viele Geräte verwenden Sie nur einmal. Überlegen Sie vor dem Kauf, ob Mieten nicht sinnvoller wäre. In Ihrem Baustellen-Notfall-Koffer sollten sich unbedingt befinden: Schreiner-, Holz- und Gummihammer, Kombizange und Wasserrohrzange, ein Sortiment Schlitz- und Kreuz-Schraubendreher, Schraubzwingen, Rundfeile und Feilraspel, Puck- und Laubsäge, Doppelhobel, Stechbeitel, ein Körner, ein Anschlagwinkel und eine Wasserwaage. Zur elektrischen Grundausrüstung gehören Bohrmaschine und Stichsäge, Schwingschleifer und Elektrohobel, Handkreissäge und Winkelschleifer. Obwohl Sie auf einen Schlag 1000 Euro oder mehr los sind, lohnt sich die Anschaffung. Sie

Bauen üben in der Heimwerker-Akademie

Frank Michel, Geschäftsführer Deutsche Heimwerker-Akademie

»

Heimwerker-Akademie – klingt ein bisschen abgehoben …
Ist sie aber nicht, ganz im Gegenteil: Sie vermittelt praktische Fertigkeiten. Die werden natürlich gestützt durch Theorie – aber nur so viel wie nötig.
Wer darf mitmachen?
Jeder Laie, der das Selbermachen von Arbeiten im Haus und drumherum lernen will – das ist speziell für Bauherren sehr hilfreich.
Zum Beispiel?
Die Angebote reichen vom Mauern und Dachausbau über das Fliesen legen und Schreinern bis zum Montieren von Trennwänden und Küchenbau. Man kann sogar Elektroschweißen lernen.
Braucht man Vorkenntnisse?
Nein, das ist ja gerade der Sinn der Heimwerker-Akademie: Die Kurse sollen Laien fit machen.
Da treffen sich also Scharen von arbeitswütigen Männern?
Ein Viertel aller Heimwerker sind Frauen, speziell für sie bieten wir Frauenkurse an. »Selbst ist die Frau« vermittelt zum Beispiel den Umgang mit Elektrowerkzeugen. Danach lassen sich kleinere Haushaltsreparaturen eigenständig ausführen. Bauherrinnen müssen also nicht extra einen Handwerker holen – oder ihren Mann zehnmal bitten, bis er endlich zur Tat schreitet.
Wer baut, hat weder Zeit noch Geld, quer durch Deutschland zu einem Kurs zu fahren …
Sie können das Angebot bundesweit wahrnehmen, an über 80 Standorten halten 250 Experten um die 1000 Kurse ab. Das Programm wird ergänzt durch Bücher und CD-ROMs. Die Kurse dauern meist einen Tag, es gibt auch zwei- bis fünftägige Wochenend- und Ferienkurse. Die Kosten liegen, je nach Aufwand und Material, zwischen 50 und 140 Euro.
Wie erfährt man, wo welcher Kurs läuft?
Das komplette Kursprogramm gibt es in Kalenderform für 3 Euro inklusive Porto- und Versandkosten. Programme und die Anmeldeformulare verschickt die
Deutsche Heimwerker-Akademie
Abteilung Kurse
Mollenbachstraße 33-35
71229 Leonberg
Hotline: 01805-36 48 66
Man erreicht die Akademie auch übers Internet: www.dha.de

«

Eigenleistung: Was man spart

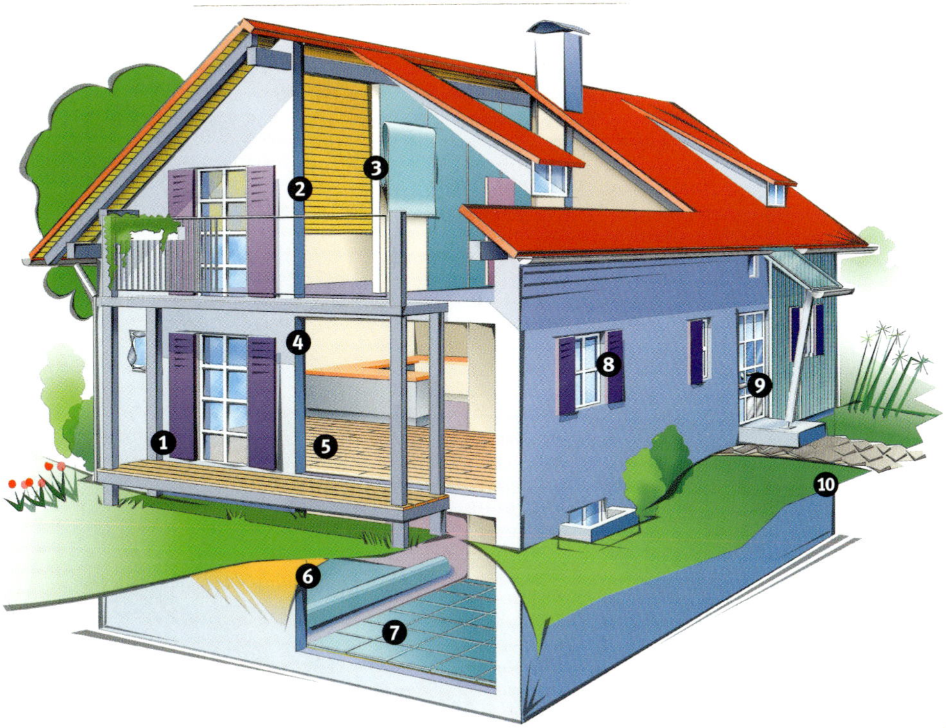

Wie viel Zeit Sie aufwenden müssen, wie viel Geld Sie reinarbeiten können und was Sie für Material ausgeben – alle Angaben jeweils pro Quadratmeter, Preise gemittelt zwischen städtischem und ländlichem Niveau.

1. *Lackieren Sie Klappläden selbst, so sparen Sie 10 Euro Lohn. Materialkosten für den Lack: 6 Euro, Arbeitsaufwand pro Quadratmeter 22 Minuten.*
2. *Holzverschalung in Dachzimmern montieren: 11 Euro Handwerkerlohn sparen, dafür 20 Minuten pro Quadratmeter selber arbeiten. Profile (Massivholz) oder Paneele (furniert oder beschichtet) kosten 17 Euro.*
3. *Tapezieren: 6 Minuten Arbeit pro Quadratmeter, 15 Cent Lohnersparnis, Materialkosten für Tapete 3 Euro.*
4. *Putz streichen in 10 Minuten pro Quadratmeter, 4,10 Euro Lohn entfallen, Sie zahlen 1,50 Euro für Material.*
5. *Parkett verlegen dauert 1,2 Stunden pro Quadratmeter, die Lohnersparnis liegt bei 36 Euro. Holzmosaik in Eiche natur gibt es schon ab 18 Euro.*
6. *Teppichboden verlegen schafft man in 18 Minuten pro Quadratmeter, der Profi würde 9 Euro verlangen. Materialkosten für Auslegeware: 10 Euro.*
7. *Bodenfliesen verkleben, und so 24 Euro für den Fliesenleger sparen. Ebenso viel investieren Sie ins Material. Ein Quadratmeter ist in 50 Minuten verlegt.*
8. *Außenputz streichen: Farbe kostet 2,70 Euro; für 11 Minuten pro Quadratmeter Eigenarbeit sparen Sie 5,60 Euro Malerlohn.*
9. *Holzfassade streichen: 19 Minuten Arbeit pro Quadratmeter, 8 Euro weniger Lohnkosten, 4,40 Euro fürs Material.*
10. *Gartenweg: Pflaster kostet 6 Euro, ist in 34 Minuten verlegt und spart 17 Euro Lohn.*

Eigenleistung statt Eigenkapital

Wer für die Haus-Finanzierung fehlendes Eigenkapital durch seine Arbeit ersetzen will, darf den Anteil nicht zu hoch ansetzen. Banken kalkulieren 20 000 Euro als Höchstsatz. Eine Heimwerker-Stunde wird mit 17,50 Euro verrechnet, Sie malochen also um die 1100 Stunden auf der Baustelle. Auf ein Jahr umgerechnet, bedeutet das für Sie: täglich etwa 3,5 Stunden Bauarbeit nach Feierabend und im Urlaub.

tipp

werden diese Werkzeuge immer wieder einsetzen, während der Bauzeit und später, wenn es etwas zu renovieren gibt. Schauen Sie im Zweifelsfall nicht auf jeden Euro und schaffen Sie sich gute Qualität an. Hochwertige mechanische Werkzeuge wie Schraubendreher oder Zange bestehen aus gehärtetem Chrom-Vanadium-Stahl und liegen wegen ihrer ergonomisch geformten Griffe gut und sicher in der Hand. Elektrische Geräte sollten schutzisoliert sein und das VDE-Zeichen tragen oder eine Bauartprüfung mit dem GS-Zeichen nachweisen. Pflegen und warten Sie Ihre Geräte, dann halten sie lange. Lassen Sie abends nichts auf der Baustelle liegen, sondern schließen Sie alles in den Kofferraum. Handwerker greifen ohne böse Absicht zu dem, was nahe liegt und verschleppen es auf Nimmerwiedersehen.

Geräte clever mieten Handwerker, Baumärkte und Verleihfirmen bieten Miet-Werkzeug gegen Gebühr an. Ausleihen können Sie alles Mögliche, vom Hammer bis zum Bagger. Das kostet, je nach Gerät, zwischen 5 Euro für einen Tapeziertisch und 180 Euro für einen Radlader, jeweils pro Tag. Brauchen Sie ein Gerät länger, verringert sich die Tagesmiete, manchmal gibt es auch Sonderkonditionen fürs Wochenende. Auch Kurzzeittarife werden angeboten, zwei Stunden Ausleihen kostet dann nur die Hälfte des Tagespreises. Falls sich die Arbeit doch hinzieht, verlängern Sie einfach per Anruf die Frist.

Gebrauchsanweisung lesen Erkundigen Sie sich telefonisch, ob der Verleiher das Gerät Ihrer Wahl in seinem Programm führt und zu dem Termin reserviert, an dem Sie es benötigen. Größere Geräte können Sie sich an die Baustelle liefern lassen oder zum Transport einen Anhänger mitmieten, kleinere Maschinen holen Sie mit Ihrem Auto ab – lassen Sie sich ihre Ausmaße durchgeben. Nehmen Sie zur Ausleihe Personalausweis und Führerschein mit. Bevor Sie Werkzeug oder Gerät aus der Halle schaffen, weist der Verleiher Sie in die fachgerechte Bedienung ein. Fühlen Sie sich nach anfänglichem Selbstvertrauen plötzlich unsicher, lässt sich häufig auch Personal dazumieten, das mit dem Gerät umgehen kann. Im Verlauf der Einweisung stellt sich auch gleich heraus, ob der mechanische oder elektrische Helfer in Ordnung ist. Oder ob der Vormieter Ihnen vielleicht Schäden unterjubeln wollte und hofft, dass Sie dafür aufkommen.

Schäden versichern Als Sicherheit hinterlegen Sie eine Kaution, etwa 100 Euro für einen Bohrhammer. Beschädigen Sie das Gerät, wird die Kaution verrechnet. Sonst bekommen Sie das Geld wieder. Die meisten Werkzeug- und Geräteverleiher bieten eine Versicherung an, sie macht 10 Prozent der Leihgebühr aus und springt für Schäden ein. Fragen Sie nach Geräte-Zubehör und Sicherheitsausrüstung wie Helm, Schutzbrille und Staubmaske – sie sind oft im Mietpreis enthalten. Sinnvoll sind Kurse, in denen Sie handwerkliche Fähigkeiten erwerben oder verfeinern können. Volkshochschulen und die Deutsche Heimwerker-Akademie halten solche Seminare ab – siehe Interview auf Seite 12. Im Internet verschaffen Sie sich Know-how unter www.haus.de/doit.

Arbeit ist so gut wie das Werkzeug, mit dem man sie erledigt. Eine Stichsäge gehört zur Grundausstattung, mit der entlang einer Führungsschiene schnurgerade Schnitte gelingen. Eine Staubabsaugung hält das Arbeitsfeld und die Atemwege frei.

Werkzeug kaufen oder mieten?

Werkzeug	Kaufpreis in €	Mietpreis pro Tag in €	Kaution in €
Hochdruckreiniger	920	20	50
Betonmörtel-Mischer	300	15	50
Fliesenschneider, 63 cm	50	12	25
Tischkreissäge	1800	20	50
Rundschleifer	80	25	50
Bohrhammer, 4,2 kg	350	20	50
Stemmhammer, 17 kg	950	40	100
Mauernutfräse	710	22	50
Generator, 2,2 kVA	480	22	50
Heizstrahler	1580	20	100
Schmutzwasserpumpe	220	20	50
Schutzgas-Schweißgerät	950	50	100
Fahrgerüst, Alu, 7 m	3500	38	180
Minibagger, 1,7 t	26000	100	1000
Tapeziertisch	40	5	20
Elektro-Kettensäge	125	30	50

Wenn Freunde helfen

Müßiggang kommt für Bauherren nicht in Frage. Trotz Behördengängen, Papier- und Rechnungskram legen sie auf der Baustelle selbst Hand an, und schnell sind Nachbarn und Freunde, Arbeitskollegen und Verwandte zusammengetrommelt, die unentgeltlich zupacken. Bevor Sie Bauhilfe in Anspruch nehmen, kümmern Sie sich um Rechts- und Versicherungs-Formalitäten.

Versicherungen Vor dem Gesetz werden Sie automatisch zu einem »nicht gewerbsmäßigen Unternehmer«, sobald Sie selber schuften oder sich von Bekannten helfen lassen. Sie sind verpflichtet, Ihr Bauvorhaben innerhalb einer Woche nach Baubeginn der Bau-Berufsgenossenschaft (Bau-BG) zu melden, die für Ihre Region zuständig ist. Die Mitarbeiter der Genossenschaft sagen Ihnen, was Sie tun müssen, zum Beispiel einen Stundennachweis für Ihre Helfer führen. Das gilt auch für Baumaßnahmen, die Sie ohne Baugenehmigung ausführen dürfen. Im Bundesgebiet gibt es sieben gesetzliche Unfallversicherungen für das Baugewerbe. Sie kommen für Baustellen-Unfälle auf, Laien sind besonders gefährdet. Eine bestimmte Zahl an Helferstunden pro Bauprojekt ist manchmal kostenlos versichert, für Stunden darüber hinaus bezahlen Sie als Bauherr Beiträge in die Unfallversicherung, je nach Region sind das um zwei Euro pro Stunde und Helfer. Fragen Sie nach der beitragsfreien Stundenzahl in Ihrer Region. Die gesetzliche Unfallversicherung übernimmt nach einem Sturz in den Kellerschacht oder einem Rutsch vom Dach die Kosten für die Heilbehandlung bis zur Pflege wegen Hilflosigkeit, Reha-Maßnahmen für die Rückkehr in den bisherigen Beruf des Helfers oder die Umschulung zu einer anderen Tätigkeit. Darüber hinaus würde die Bau-BG Rentenzahlungen an den Verunglückten übernehmen, falls er nicht mehr oder nur teilweise arbeiten kann. Kommt er gar zu Tode, werden die Angehörigen mit Witwen- oder Waisenrente unterstützt. Auch wenn Ihre Freunde eine private Haftpflicht- oder Unfallversicherung haben, befreit Sie das nicht von der Meldung an die Bau-BG.

Meldepflicht Der Staat gibt sich fürsorglich gegenüber allen, die den Hausbau freiwillig und unentgeltlich vorantreiben: Helfer sind versichert, ganz gleich ob gemeldet oder nicht. Trotzdem sollten Sie die Meldung an die Bau-BG auf keinen Fall versäumen: Passiert etwas, droht Ihnen ein Bußgeld bis 2500 Euro. Wenn Sie der Berufsgenossenschaft gegenüber falsche Angaben machen, verfolgt Sie unter Umständen das Strafrecht. Geschieht auf Ihrer Baustelle ein Unfall, melden Sie ihn innerhalb von drei Tagen. Kommen mehr als drei Personen zu Schaden oder gibt es gar einen Todesfall, ist die sofortige Meldung Pflicht.

Eigenleistung verrechnen lassen

Sprechen Sie Umfang und Wert Ihrer Eigenleistungen ab mit Ihrem Architekten, Fertighaus-Hersteller oder Bauträger: Der Betrag muss von den Baukosten abgezogen werden und damit auch anteilig vom Architektenhonorar, das sich prozentual aus der Bausumme errechnet. Achten Sie ferner darauf, dass in eigener Regie besorgtes Material gutgeschrieben wird, etwa Sanitärobjekte, Fliesen, Parkett.

tipp

Hausbau ist Familiensache: Immer häufiger begnügen sich Frauen nicht damit, Butterbrote für die Helfer zu schmieren. Sie greifen selbst zu Bohrer, Säge und Hammer. Fertighaus-Käufer können je nach Talent zwischen verschiedenen Ausbau-Stufen wählen.

Sicherheit und Unfallschutz Kümmern Sie sich darum, dass Ihre Helfer weder in Sandalen übers Gerüst turnen noch ihren Kopf schutzlos hinhalten. Auf der Baustelle besteht Helmpflicht. Auch Freiwillige müssen Arbeitsschuhe anziehen. Wer mit Zement hantiert, muss Arbeitshandschuhe überstreifen, und geschweißt wird nur mit Schutzbrille. Für das Gerüst gibt es spezielle Vorschriften, die Sie bei der Bau-Berufsgenossenschaft erfragen. Der gesunde Menschenverstand gebietet, der Schutzpflicht nachzukommen; wo er aussetzt, kann die Berufsgenossenschaft nach einem Unfall Schadensersatz für ihre Kosten verlangen; und darüber hinaus ein Bußgeld verhängen. Lassen Sie sich am besten von der Bau-BG am Info-Telefon beraten, es gibt auch Broschüren und Merkblätter. Wenn nötig, kommt ein Techniker auf die Baustelle. Er hilft, berät, kontrolliert, auch am Wochenende. Im Internet finden Sie Infos unter: www.bau-bg.de.

Eigener Schutz Ihre privaten Helfer sind abgesichert, Sie und Ihr (Ehe-)Partner nicht. Eine private Unfallversicherung wäre zu überlegen. Sie können stattdessen auch einen freiwilligen Unfall-Versicherungsschutz der Bau-BG beantragen. Er kostet in Bayern beispielsweise um 275 Euro pro Person und Monat, in Sachsen 235 Euro.

Freundschafts-Krise Ihre Laien-Helfer sind nicht unfehlbar, einem von ihnen unterläuft vielleicht ein grober Schnitzer. Bedanken Sie sich für Hilfsangebote von Kandidaten mit zwei linken Händen – und überlassen Sie ihnen Aufgaben, bei denen nichts schief gehen kann, etwa Bier holen oder Schutt wegfahren, Prospekte für den Innenausbau besorgen oder Firmen abtelefonieren nach dem günstigsten Preis für die Badewanne. Ein Freund ist für Schäden am Bau nicht haftbar zu machen. Zuständig könnte seine private Haftpflichtversicherung sein – hoffen Sie, dass die Police Gefälligkeitshandlungen einschließt. Was aber, wenn nicht? Dem Laien fällt zum Beispiel ein Ziegelstein aus der Hand, trifft eine Passantin, und auf Grund des Vertrags greift seine Haftpflicht nicht? Dann springt Ihre private Haftpflichtversicherung ein unter zwei Bedingungen: Es handelt sich um ein kleineres Bauvorhaben bis zu einer vereinbarten Bausumme, und Sie haben das Unglück mitverschuldet – etwa weil Sie dem Helfer den Stein zugeworfen haben. Übersteigt die Bausumme einen bestimmten Wert, in der Regel 25 000 Euro, begleicht Ihre Bauherren-Haftpflicht den Schaden. Aber nur, wenn Sie das Risiko Eigenleistung mitversichern.

Entlohnung und Steuer Viele Bauherren revanchieren sich für die Muskelpower ihrer Freunde mit ihrer eigenen, und ackern später fleißig mit beim Hausbau ihrer Helfer. Wer seiner Truppe sofort etwas Gutes tun möchte, lädt sie zu einem Essen ein. Sobald Sie Ihren Helfern danken mit Geld oder Naturalien, mischt sich das Finanzamt in den Deal: Ihre Freunde müssen jedes Einkommen und jeden so genannten »geldwerten Vorteil« versteuern.

▶ Professionell heimwerken: Tipps und nützliche Kniffe gibt es in der Do-it-yourself-Datenbank unter www.haus.de/doit

Zu welchem Heimwerker-Typ gehören Sie?

Während des Bauens ein fröhliches Lied auf den Lippen? Oder ist die Tür das Einzige, was bei Ihnen klappt? Der Test verrät, ob Sie ein begnadeter Selbermacher sind oder Ihr Haus doch lieber Handwerkern überlassen sollten.

Sie möchten einen Schrank. Was tun Sie?

1. *Plan zeichnen, Material berechnen, Werkzeug holen.*
2. *Ich kaufe einen Bausatz und schraube ihn zusammen.*
3. *Ich gehe ins Möbelgeschäft, kaufe mir mein Traumstück.*

In einer Bauanleitung steht Schwalbenschwanz ...

1. *Na, das ist eine Art, Holzteile zu verbinden.*
2. *Ich schaue den Begriff in meinem Heimwerker-Lexikon nach.*
3. *Ich lasse die Finger davon, bis ich jemanden fragen kann.*

Wenn es im Haus etwas zum Basteln gibt ...

1. *... höre ich Radio, pfeife und werkele bis abends.*
2. *... brüte ich über der Anleitung und verschiebe die Arbeit.*
3. *... scheuche ich Partner, Kind und Hund aus dem Weg.*

Sie benötigen einen Fliesenschneider:

1. *Ich kenne einen Fliesenleger, der leiht mir das Ding.*
2. *Ich schaue im Baumarkt nach einem günstigen Angebot.*
3. *Ich behelfe mich mit einer Zange, das geht schon.*

Ein Maler veranschlagt pro Raum 500 Euro:

1. *Ich rechne nur die Materialkosten und schaffe es wesentlich billiger.*
2. *Ich kaufe Fellrolle und Farbe, vergesse aber Abdeckfolie oder sonst was.*
3. *Für das Geld mach ich mich nicht dreckig,hole den Maler.*

Wenn größere Arbeiten anstehen ...

1. *... überlege ich, wie lange sie dauern und nehme Urlaub.*
2. *... kann ich die ja nach und nach an den Wochenenden erledigen.*
3. *... mach ich das nebenbei, wie es sich zeitlich gerade ergibt.*

Mein(e) Partner(in) findet Heimwerken ...

1. *... sexy, hält mir den Rücken frei mit belegten Broten und Lob.*
2. *... gut, will helfen – das ist manchmal fast lästig.*
3. *... spießig, schimpft über Zeitaufwand und Dreck.*

Punkte addieren, Auswertung lesen.

7–10: Mustergültig
Bauschutt-Haufen verwandeln sich unter Ihren Händen quasi zu purem Gold. Sie haben alles, was perfekte Heimwerker auszeichnet.

11–15: Ausbaufähig
Sie sind ein toller Heimwerker – in der Theorie. Geht es ans Praktische, fehlt Ihnen schon mal der Überblick. Keine Sorge, dieses Buch hilft.

16–21: Zappenduster
Andere mögen ihre Zeit auf Baustellen oder in Hobbykellern verbringen. Für Sie ist es sinnvoller, währenddessen Geld zu verdienen: Gute Handwerker kosten.

test

So finden wir gute Handwerker

Ausschreibungen und Auftragsvergabe: Richtig entscheiden

Glück muss man haben oder Köpfchen: Eindeutige Leistungsverzeichnisse und Bauverträge hindern Handwerker daran, Arbeiten nach Gutdünken auszuführen statt nach dem aktuellen Stand der Bautechnik.

Wollte man den Film drehen »Wir bauen unser Haus«, wären Sie als Bauherr der Regisseur. Sie benötigen Darsteller und beauftragen jemanden mit dem Casting des kompletten Teams – in diesem Fall können Sie wählen zwischen Generalunternehmer und -übernehmer, Bauträger und Fertighaus-Firma. Oder Sie besetzen die Rollen der Handwerker selbst in der so genannten Einzelvergabe. Das kann Ihnen allerdings auch der Architekt abnehmen.

Generalunternehmer

Vielen Häuslebauern fehlen Erfahrung, Zeit oder Mut, sich für ihr Bauvorhaben im ganz großen Stil zu engagieren und sich um alles zu kümmern. Wer sich alle Aufgaben vom Hals halten will, lässt sich sein Haus zum Beispiel von einem Generalunternehmer hinstellen: mit dessen Leuten, nach Ihren Bauplänen, schlüsselfertig und zum garantierten Festpreis. Wenn Sie den Hausbau einem Bauunternehmer überlassen, ist unterschreiben und einziehen das Einzige, was Sie selbst tun müssen – vorausgesetzt, Sie wappnen sich klug gegen typische Risiken.

Alles aus einer Hand Erkundigen Sie sich vor dem Abschluss des Vertrages über die Seriosität Ihres Generalunternehmers – über Bank, Schufa und Handwerkskammer. Verträge zwischen Generalunternehmer und Bauherr können ganz unterschiedlich aufgesetzt sein. Zeigen Sie jeden Entwurf vor der Unterschrift einem versierten Juristen. Manche Verträge sehen weitgehende Vollmachten für den Generalunternehmer vor. Seien Sie besonders vorsichtig, wenn es um die Verfügungsgewalt über Ihr Baukonto geht – etwa, um Handwerkerrechnungen zu begleichen.

Weisungsrecht für Handwerker Möglicherweise hat der Generalunternehmer nicht für alle Gewerke eigene Leute, er holt sich Fremdfirmen dazu. Klären Sie, ob Ihr Auftragnehmer die Verträge mit Handwerkern in seinem Namen schließt oder in Ihrem Namen. Ist der Generalunternehmer einziger Partner der Handwerker, nehmen die

Männer vielleicht von Ihnen als Bauherr keine Weisungen entgegen. So müssen Sie Ihre Wünsche stets auf dem Umweg über den Generalunternehmer an den Mann bringen. Die Handwerker können ihrerseits die Bezahlung der Rechnungen nur vom Generalunternehmer fordern. Die Eintragung einer Bauhandwerker-Sicherungshypothek am Grundstück in Ihr Grundbuch ist dann nicht möglich – vorsichtige Handwerksbetriebe bestehen aber darauf: Der Eintrag sichert ihnen die Erfüllung ihres Anspruchs, falls der Generalunternehmer vor der vollständigen Bezahlung pleite geht.

Bezahlung der Rechnungen Schließt der Generalunternehmer die Handwerker-Verträge in Ihrem Namen ab, muss trotzdem er die Rechnungen bezahlen – er fordert von Ihnen die Beträge und leitet sie weiter an die Handwerker. Haken: Der Generalunternehmer kann Sie abkassieren, das Geld aber für sich behalten oder Konkurs anmelden. Dann werden die Handwerker sich an Sie wenden; wenn es ganz dick kommt, zahlen Sie doppelt oder verlieren das Grundstück.

Gewährleistungsansprüche Ist der Generalunternehmer alleiniger Vertragspartner der Handwerker, fallen ihm die Zurückhaltungsrechte und die Gewährleistungsansprüche zu. Er darf also – beispielsweise wegen mangelhafter Arbeit – Rechnungsbeträge ganz oder teilweise zurückhalten, bis der Pfusch beseitigt ist. Wichtig für Bauherren: Ist das Haus fertig gebaut, sollte der Generalunternehmer seine Gewährleistungsansprüche gegenüber den Handwerkern an den Bauherrn abtreten. So bleiben die Ansprüche auf jeden Fall bestehen, auch wenn die Generalfirma zwischenzeitlich liquidiert werden sollte. Andernfalls lässt sich danach nichts mehr reklamieren.

Preisgestaltung Das Haus bauen lassen zum Festpreis: ein verlockendes Angebot. Sie müssen aber wissen: Ein Generalunternehmer schließt nicht nur mit Ihnen einen Festpreis-Vertrag ab, sondern auch mit jedem Handwerker, den er für den Bau engagiert. Stellt sich heraus, dass die Preise nicht zu halten sind, werden Handwerker kaum auf Gewinn verzichten, sondern Leistung reduzieren oder Material sparen; oft so geschickt, dass Sie als Bauherr davon gar nichts mitkriegen. Hier beißt sich die Katze in den Schwanz: Sie sind zu Kontrollgängen über die Baustelle gezwungen und tragen Verantwortung, die Sie mit dem Vertrag an den Unternehmer abgeben wollten. Aus dieser Klemme hilft Ihnen gegen Gebühr ein unabhängiger Bau-Controller – Adressen bekommen Sie als Mitglied vom Verband privater Bauherren (Telefon 0180-524 82 48, Internet www.vpb.de) oder vom Bauherren-Schutzbund (Telefon 030-312 80 01, www bsb-ev.de).

Bauherren-Modell Baut der Generalunternehmer das Haus im Namen des Bauherrn, spricht man vom »Bauherren-Modell« – früher war es für viele Bauherren steuerlich attraktiver, das Haus zu »bauen« statt vom Unternehmer zu kaufen. Die Steuergesetze lauten inzwischen anders, und durch Konkurs windiger Unternehmer verloren etliche Leute ihr Geld – das »Bauherren-Modell« wird nicht mehr angeboten. Der Konkurrenzkampf zwischen Generalunternehmern ist groß. Sie profitieren davon, wenn Sie Forderungen stellen und

Fertighaus: Auf- und Ausbau im Nu
1 Innenwände: In zwei Stunden baut ein vierköpfiger Bautrupp plus Chef das Erdgeschoss.
2 Giebel: Im trockenen Werk zweiteilig gefertigt, so passt er auf den Laster. Monteure fügen die Stücke vor Ort zusammen.
3 Spitzboden: Knaggen rechts und links werden die doppelten Deckenbalken tragen.

Einzelvergabe spart 10% Kosten

Haus zum garantierten Festpreis? Klingt gut: Klettern während der Bauphase die Baupreise, muss der Generalunternehmer zusehen, wie er dann kalkuliert. Seien Sie gewiss: Das hat er getan, bevor er Ihnen den Kaufvertrag vorlegt. Generalunternehmer sichern sich gegen Preiserhöhungen ab, indem sie dieses Risiko in den Hauspreis einrechnen. Meist liegt der Zuschlag zwischen 10 und 15 % der Bausumme.

tipp

Sicherheiten verlangen – seriöse Firmen haben wegen der hohen Zahl an Konkursen dafür Verständnis und bieten freiwillig Sicherheiten an wie beispielsweise Fertigstellungs-Bankbürgschaft, Gewährleistungs-Bankbürgschaft und 5-Phasen-Baucontrolling durch den Technischen Überwachungsverein (TÜV).

Fertighäuser kauft man nicht mehr von der Stange, der Firmenarchitekt oder ein Planer Ihrer Wahl entwickelt Ihr Heim nach Ihren individuellen Wünschen. Wer sich dafür entscheidet, schafft sich Organisation, Lauferei und Bauüberwachung vom Hals und hat es mit nur einem Ansprechpartner zu tun.

Generalübernehmer Ein Generalunternehmer lässt die Arbeiten von seinen eigenen Leuten erledigen oder gibt einen kleinen oder großen Teil weiter an Mitarbeiter fremder Firmen, an Subunternehmer. Leistet der Unternehmer selbst überhaupt keine Bautätigkeit, spricht man von einem Generalübernehmer. Dahinter stecken in der Regel Handwerksmeister, die sich auf Koordinationsaufgaben konzentrieren. Oder Kaufleute, die die betriebswirtschaftliche Seite des Geschäfts betreuen und Subunternehmer mit dem Bauen beauftragen. Für Sie als Bauherr kann das insofern einen Unterschied machen, als ein Generalunternehmer meist mit heimischen Handwerksbetrieben zusammenarbeitet, Generalübernehmer oft Handwerker von wer-weiß-woher holen. Tummeln sich auf Ihrer Baustelle ausländische Arbeitskräfte, die nicht ordnungsgemäß gemeldet und versichert sind, stellt das Gewerbeaufsichtsamt Ihnen den Bau ein. Fragen Sie Ihren Generalunter- oder -übernehmer auf jeden Fall nach Herkunft und Qualifikation der Bauarbeiter.

Bauträger

Die Immobilien-Beilagen der Wochenendzeitungen sind voll von Anzeigen für schlüsselfertige Häuser: Bauunternehmen halten Pläne für eine Hand voll Haustypen bereit und bieten sie zum Bau auf Ihrem Grundstück an. Man hat meist geringe Möglichkeiten, Hausform, Größe und Ausstattung nach seinen Wünschen zu beeinflussen. Der Vertrag mit dem Unternehmer ist Planungs- und Bauvertrag in einem. Andere Möglichkeit: Das Unternehmen kauft ein Grundstück, bebaut es mit seinem Typenhaus und offeriert Ihnen beides zum Kauf. Dann haben Sie es mit einem »Bauträger« zu tun und schließen einen Bauträger-Kaufvertrag ab. Für ihn gilt der besondere Verbraucherschutz der Makler- und Bauträgerverordnung (MaBV). Trotzdem sollten Sie auch hier die Vorsichtsregeln beachten, die für das Bauen mit einem Generalübernehmer gelten.

Fertighausfirma

Fertighäuser plant man heute so individuell wie herkömmlich gebaute – äußerlich sind sie kaum zu unterscheiden. Der Bauherr legt Hausform, Grundriss und Ausstattung selbst fest, beauftragt damit den Hersteller oder einen freien Architekten. Ist der Plan gezeichnet, weiß man als Bauherr ganz genau, wie viel das Haus kostet – dieser Festpreis gilt in der Regel zwölf Monate, vom Tag des Vertragsabschlusses an. Die Fertighausfirma produziert Wände, Giebel und Dachstuhl in der trockenen Werkshalle, unabhängig vom Wetter. Tieflader transportieren die Bauteile zum Grundstück, die Monteure verankern sie auf dem Keller oder

Handwerkerangebot für eine Heizungsanlage – die Leistungsbeschreibung enthält 8 Positionen mit 42 Unterpositionen vom Rückschlagventil bis zu den Arbeitsstunden von Meister, Geselle und Lehrling.

Handwerkerangebot:
alle Kosten bis zur letzten Schraube

Position	Menge	Titel	Einheits-preis	Gesamt preis
1		Heizkessel		
1.1	1 Stück	Viessmann Niedertemp.-Kessel Vitola 100, 18 KW entsprechend der Heizanlagenverordnung für gleitend abgesenkte Kesselwassertemperatur, für 1 Heizkreis, mit Isolierung und integrierter Elektroleiste steckerfertig, Norm-Nutzungsgrad 93 %, mit eingebauter Außentemperatur-Regelung Viessmann Vitotronic 200, KW 1, witterungsgeführte Kesselkreisregelung mit digitaler Microcomputer-Schaltuhr (Tages- und Wochenprogramm), Speichertemperaturregelung, getrennten Zeiträumen und integriertem Diagnosesystem	1875,25	1875,25
1.2	1 Stück	Viessmann Emailboiler Vitocell, 160 l, mit Verbindungsleitung, Umwälzpumpe und integriertem Wärmetauscher, Verkleidung, Isolierung, Regelung mit Fühler	1460,50	1460,50
2		Kesselzubehör		
2.1	1 Stück	Rauchrohr Edelstahl 0,5 m	13,15	13,15
2.2	1 Stück	Rauchrohrisolierung	20,00	20,00
2.3	2 Stück	Rauchrohrbogen mit Tür 2 mm drehbar	16,85	33,70

der Fundamentplatte. Die Fertighausfirma übernimmt die Organisation der rund zwanzig Handwerksbetriebe, die an einem Neubau arbeiten. Der Bauherr hat für Fragen nur einen Ansprechpartner. Die kurze Bauzeit hält die Doppelbelastung von Miete und Bereitstellungszins gering (siehe Band 1 von *start! Wir planen unser Haus,* Seite 14).
Schlüsselfertig Wie für Bauträger-Häuser gilt auch für Häuser aus vorgefertigten Bauteilen: Katalog-Texte dürfen nicht schwindeln, sie können aber Details so oder so formulieren. Vergleichen Sie Zahlungsbedingungen verschiedener Firmen: Manche wollen den Kaufpreis erst zur Schlüsselübergabe, andere fordern ihr Geld nach Baufortschritt oder sogar noch vor dem ersten Spatenstich – was üblich ist und wie Sie gut fahren, lesen Sie in Band 1 von *start! Wir planen unser Haus* auf Seite 27. Bauträger- und Fertighäuser werden in der Regel »schlüsselfertig« angeboten – ein dehnbarer Begriff. Das Haus muss bezugsfertig sein – manche Firmen liefern nur das Notwendigste. Der Preis eines »teuren« Hauses enthält möglicherweise vieles, was für ein scheinbar preisgünstiges Haus extra berechnet wird – zum Beispiel eine Bodenuntersuchung oder Eingabepläne, den Transport von Bauteilen oder die Unterbringung und Verpflegung der Monteure, den Baukran oder die Einbauküche. Bitten Sie im Zweifelsfall um Referenzadressen von Bauherren, die ein Haus von Ihrem Wunsch-Bauträger oder dem Fertighaus-Hersteller Ihrer Wahl gekauft haben. Oder Sie beauftragen einen Anwalt, bei Gerichten um den Firmensitz herum nach der Anzahl der Bauprozesse zu fragen, die gegen den Hersteller bekannt sind. Die dritte Möglichkeit: Eine Anfrage unter Bauherren im Bau- und Wohnforum der Zeitschrift »Das Haus« unter www.haus.de/foren.
Ausbauhaus Viele Firmen bieten Ausbauhäuser an: Die Lieferfirma errichtet den Rohbau mit Dach, Fenstern und Haustür. Der Bauherr übernimmt den Innenausbau selbst oder lässt das Haus von begabten Verwandten fertig bauen. Informieren Sie sich aber genau über die Preisdifferenz zum fix und fertigen Haus und über den Lieferumfang – es gibt verschiedene Ausbaustufen.
Selbstbauhaus Man kann sein Haus auch komplett selbst mauern und ausbauen: Die Firma transportiert Material für einen Bausatz auf die Baustelle, der Bauherr fügt es zum Haus – gute Angebote enthalten exakte Pläne, verständliche Anleitungen und regelmäßige Profi-Betreuung. Bausätze sehen auf den ersten Blick verlockend preiswert aus, sie empfehlen sich für Bauherren, die genügend Zeit und Durchhaltevermögen, Kraft und Ahnung haben – das vorige Kapitel »So sparen wir durch Selbermachen« gibt Entscheidungshilfe.

Handwerkerwahl per Telefon

Bevor Sie Ihre Leistungsverzeichnisse verschicken, sollten Sie sich mit den Betrieben Ihrer Wahl telefonisch in Verbindung setzen. Fragen Sie, ob sie an dem Auftrag überhaupt interessiert sind und die Arbeiten leisten können. Auch wichtig: Hat der Handwerker Zeit, wenn Sie ihn brauchen? Oder müssten Sie Ihren Zeitplan verschieben? Fragen Sie zudem nach Bauherren, für die er gearbeitet hat, und sprechen Sie mit ihnen.

tipp

Einzelvergabe

Sie möchten Ihr Haus bauen wie die meisten Bauherren? Dann beauftragen Sie Handwerker, die Ihre Architekten-Pläne ausführen. Es leuchtet ein, dass man mit einem Auftrag über zehntausende von Euro nicht zum erstbesten Handwerker geht. Eine »Ausschreibung« gibt einen Überblick über die Preise: Mehrere Betriebe bekommen ein so genanntes Leistungsverzeichnis. Es enthält alle Arbeiten, die ausgeführt werden sollen.

Leistungsbeschreibung verfassen Haben Sie einen Architekten, gibt es keinerlei Probleme. Er stellt die Leistungsverzeichnisse für die verschiedenen Gewerke auf, und er kennt das ganze Drumherum eines Ausschreibungsverfahrens. Er berät Sie auch, wenn Sie die eingehenden Angebote auswerten wollen.

Wie Laien am besten vorgehen Handwerker-Angebote können Sie auch selbst einholen, dies birgt jedoch eine Schwierigkeit: Als Laie werden Sie es kaum schaffen, ein Leistungsverzeichnis zu erstellen. Einen Anhaltspunkt gibt Ihnen der Kostenvoranschlag eines Handwerkers, den Sie bereits in die engere Wahl gezogen haben. Manche Bauherren decken seinen Firmennamen und die Preise ab, kopieren sein Angebot und verschikken es an andere Handwerker. Das ist illegal und dem Handwerker gegenüber unfair.

Risiken In der Regel funktioniert diese Methode: Sie kriegen vergleichbare Preisangebote, weil allen dieselben Leistungen zu Grunde liegen. Einen Haken hat das Verfahren dennoch: Vergisst der erste Handwerker etwas, kalkulieren auch die anderen Betriebe auf falscher Basis. Kostet die Arbeit im Endeffekt mehr, wird sich der beauftragte Handwerker immer darauf berufen, dass das Leistungsverzeichnis nicht von ihm stammt. Überprüfen Sie also das Ursprungsangebot besonders gründlich oder lassen Sie sich wenigstens hierbei von einem Architekten unterstützen.

Leistungsverzeichnis selbst verfassen: nur sinnvoll, wenn man Materialien und Verarbeitung kennt. Zementfliesen etwa verfugt man mit spezieller Schlämme aus Zement und Quarzsand.

Handwerkerwahl

Familien, die schon in ihrem Eigenheim wohnen, erzählen gern lustige oder haarsträubende Handwerker-Stories: Da sollten zum Beispiel die Fliesen im Bad interessant diagonal verlegt werden, und abends fand man sie in einer langweiligen Reihe. Oder das Heizkörperventil hätte unbedingt rechts am Heizkörper sitzen sollen, damit eine bestimmte Schrankschublade nicht dagegen knallt. Das tut sie nun seit Jahren, denn der Heizungsbauer montierte das Ventil links.

Kriterien für die Wahl der Betriebe An wen schickt man also seine sorgfältig ausgearbeiteten Leistungsverzeichnisse? Auf jeden Fall nicht an den erstbesten Betrieb aus dem Branchenbuch. Folgen Sie den Empfehlungen Ihres Architekten, Ihrer Freunde oder Kollegen. Wer sich für Handwerksbetriebe auf dem Land entscheidet, fährt oft günstiger als mit Unternehmen in der Stadt. Meister vor Ort bemühen sich oft mehr als Leute von weither – es spricht sich im Dorf schnell herum, wenn einer schlampig arbeitet. Zudem schaut der örtliche Handwerker rasch vorbei, wenn nach dem

Einzug etwas nicht funktioniert oder zu reparieren ist – er weiß, was er wie gebaut hat und wo er den Knackpunkt suchen muss.

Angebote auswerten

Keiner der Handwerker darf das Leistungsverzeichnis ändern. Sonst tappen Sie vielleicht in eine Kostenfalle. Einsparungsvorschläge des Handwerkers in seinem Gewerk ziehen eventuell höhere Kosten im Folgegewerk eines anderen Handwerkers nach sich. Nimmt beispielsweise der Dachdecker bestimmte Form- und Spezialpfannen aus seinem Angebot, muss der Spengler Kehlen und Grate mit Kupfer abdecken und eine Leiter für den Schornsteinfeger auf die Schräge montieren.

Leistungsvergleich Ob der Austausch von Leistungen eine gute und tatsächlich preiswerte Idee ist, kann der Architekt beurteilen. Bauen Sie ohne ihn, sollten Sie auf der Kalkulation nach Leistungsverzeichnis bestehen. Rechnen Sie alle Angebote nach – mancher Handwerker ist billiger, weil er sich schlicht verrechnet hat. Prüfen Sie, ob jemand die Mehrwertsteuer vergessen hat. Jetzt fertigen Sie sich einen Preisspiegel. Das geht einfach, denn Sie listen jeweils Firma, Leistung und Preis nebeneinander auf. Seien Sie misstrauisch gegenüber Billigst-Angeboten, die weit unter denen der Mitbewerber liegen. Vielleicht möchte der Preisbrecher lediglich erst einmal ins Geschäft mit Ihnen kommen und später seine Kosten über Tricks hereinholen – wie nachträgliche Abrechnung von Zusatz-Stunden oder höhere Materialpreise.

Zuschlags- und Bindefrist Üblicherweise gibt ein Handwerker 30 bis 60 Kalendertage Zeit für die Annahme seines Angebots. Bis zum Ablauf dieser Zuschlagsfrist ist er an die angegebenen Preise gebunden – auch wenn er sich zu seinen Ungunsten geirrt hat. Fällt ihm der Fehler jedoch innerhalb der Zuschlagsfrist auf und unterbreitet er ein korrigiertes Angebot, gilt dieses. Entscheidet sich der Bauherr erst nach der Zuschlagsfrist für ein

So klappt die Ausschreibung

Interview mit Thomas Voelckner, Maurer, Architekt und Baupreis-Experte, Dachau bei München

»

Was muss man wissen, bevor man lange Listen für die Leistungsbeschreibungen verfasst?
Beschaffen Sie sich so viele Informationen wie möglich – über die Beschaffenheit des Baugrunds und Bauauflagen, Bautechnik, Materialien und Arbeitsschritte.

Wie genau soll man sich in einer Ausschreibung festlegen? Vielleicht kennt der Handwerker ja günstige Alternativen?
Die Ausschreibung sollte möglichst hundertprozentig genau sein, nur so lassen sich Angebote vergleichen. Die Bauausführungen stellt man anhand von Baubeschreibung oder Raumbuch zusammen – gibt es beides nicht, verfassen Sie Raumlisten, zum Beispiel: Erdgeschoss, Flur, 30 Quadratmeter. Stellen Sie für jeden Raum Fabrikat und Materialart, Schichtstärken und Oberflächenbehandlung zusammen sowie die Farben, wenn es wichtig ist. Man kann den Handwerker bitten, Alternativ-Positionen anzugeben, etwa Mehr- oder Minderstärken, bessere oder einfachere Fabrikate. Bauherr und Architekt können dann gemeinsam alle Vor- und Nachteile besprechen und sich entscheiden.

Kann man sich an DIN-Normen orientieren?
Allermeistens. Streitpunkt sind aber oft Oberflächen von Beton und Putz. Am Begriff »Sichtbeton« etwa scheiden sich die Geister, diese Bezeichnung ist in keiner DIN festgelegt. Hier hat es sich bewährt, Fotos bereits ausgeführter Bauvorhaben beizulegen.

Wann verschickt man die Leistungsverzeichnisse?
Je früher sie beim Anbieter eintreffen, desto länger hat er Zeit für eine sorgfältige Kalkulation. Eine Frist von vier bis sechs Wochen ist empfehlenswert – je nach Umfang der Leistungen kann sie kürzer oder länger sein.

Wie profitiert der Bauherr von früher Ausschreibung?
Flattern ihm überhöhte Preise ins Haus, hat er Zeit für eine zweite Ausschreibung. Ist ihnen die Frist zu knapp, werfen manche Handwerker die mühsam ausgearbeiteten Leistungsverzeichnisse weg.

Muss ein Profi ausschreiben?
Nein, aber man sollte mit Profi-Ausschreibungstexten arbeiten, etwa von der Edition AUM – Info unter Telefon 08131-565 90

«

Angebot, sollte er unbedingt nachfragen, ob sich die Preise inzwischen geändert haben und wie lange sich der Handwerker an sein Angebot gebunden fühlt.

Auftragserteilung

Den Zuschlag geben Sie dem, der ein Angebot unterbreitet mit konkretem Umfang und genauer Material- und Konstruktionsbeschreibung, mit Arbeitsdauer, Anfahrtskosten und Preisen inklusive Mehrwertsteuer. Die Verdingungsordnung für Bauleistungen (VOB) ist das wichtigste Regelwerk für alle am Bau beteiligten Partner. Sie besteht aus den drei Teilen Vergabe, allgemeine Vertragsbedingungen und technische Vertragsbedingungen – die technischen sind gegliedert nach Gewerken mit jeweiliger DIN-Norm-Nummer. Leistungsumfang, Aufmaß und Abrechnung sind dort im Detail aufgelistet. Die VOB erspart eine Menge Ausschreibungs- und Vertragstext und schafft Sicherheit – machen Sie sie zum Vertragsbestandteil.

Einheitspreis Meist wird die fertige Bauleistung zu Einheitspreisen angeboten. Das bedeutet: Anfahrt, Rüst- und Maschinenzeiten, Nebenarbeiten, Kran und Gerüst werden in den Quadratmeter- oder Stückpreis schon eingerechnet, die Vergütung bemisst sich nach den tatsächlich ausgeführten Mengen. Nachteil: Nachträgliche Erhöhungen sind möglich, wenn derweil Tariflöhne, Materialkosten oder sonstige Betriebsausgaben ansteigen.

Festpreis Versuchen Sie, vor der Auftragsvergabe einen Festpreis auszuhandeln. Vorteil: Sie bezahlen keinen Euro mehr, auch wenn der Handwerker schließlich für seine Leistungen länger braucht. Dafür wird in den Auftrag der Vermerk aufgenommen: »Angebot wird Festpreis«. Der Festpreis ist der Bruttopreis – auf ihn wird nicht noch einmal die Mehrwertsteuer aufgeschlagen!

Stundenlohn Mit Stundenlohnverträgen kalkulieren Sie risikoreich: Handwerker könnten sich als Schnecken entpuppen oder viel Zeit zum Werkzeug- oder Brötchenholen benötigen. Schließen Sie solche Verträge nur unter Zeitdruck oder in Notfällen – etwa für die Beseitigung von Unwetterschäden am Rohbau oder wenn in Ihrem Zeitfenster partout kein anderer Handwerker Zeit hat, eine bestimmte Arbeit auszuführen.

Gewährleistung Nach VOB gilt für Bauwerke und Holzerkrankungen eine Gewährleistungsfrist von vier Jahren, für Arbeiten am Grundstück und feuerberührte Teile von Feuerungsanlagen zwei Jahre. Ein Vertrag nach Bürgerlichem Gesetzbuch (BGB) würde fünf Jahre Frist geben, für arglistig verschwiegene Mängel dreißig Jahre – diese Fristen gelten auch für VOB-Verträge, wenn sich der Handwerker gegen Schadensersatz versichert hat oder sich hätte versichern können. In drei Viertel der Fälle geht alles glatt: Das Meinungsforschungs-Institut inra ermittelte für die Zeitschrift »Das Haus« in einer Umfrage: 73 Prozent der Befragten hatten günstige und kompetente Handwerker.

▶ **Baupreise: Welche Preise für welche Arbeiten auf Sie zukommen, errechnen Sie mit der Baupreis-Datenbank unter www.haus.de/aktuell**

Schwarzarbeit ist billiger, aber verboten – und es gibt keinerlei Anspruch auf Gewährleistung. Die Garantiezeit für Leistungen am Bau beträgt gesetzlich ein, zwei oder fünf Jahre. Bauherr und Handwerker können privatrechtlich beliebig längere Garantiefristen vereinbaren.

Wie werden die Handwerker zu Partnern?

Wer mit Handwerkern richtig umzugehen weiß, schafft ein gutes Arbeitsklima und erspart sich unnötigen Ärger. Kennen Sie eigentlich die zehn goldenen Regeln? Prüfen Sie hier Ihr Wissen.

1 Arbeiten exakt festlegen
Unsere Vorstellungen sind klar: Wir wissen, welche Arbeiten notwendig sind. ❍

2 Firmen beauftragen
Wir haben uns bei Freunden, Nachbarn und Arbeitskollegen erkundigt, wer mit welchen Handwerkern zufrieden war. Zudem haben wir bei der Handwerkskammer nachgefragt. ❍

3 Festpreise vereinbaren
Wir haben den Umfang der Arbeiten festgelegt und von drei Betrieben jeweils schriftliche Angebote, in denen die Kosten für Material und Lohn extra aufgeschlüsselt sind. ❍

4 Angebote vergleichen
Wir wissen: Das billigste Angebot muss nicht das beste sein. Wir haben die Angebote verglichen, ob sich Arbeitsumfang und Material gleichen. ❍

5 Alles schriftlich festhalten
Wir haben alle Termine festgelegt und sie so gesetzt, dass Luft drin ist. Das haben wir den Handwerkern nicht verraten, damit wir Termindruck erzeugen können. ❍

6 Bauablauf gut planen
Wir richten die Baustelle so ein, dass Zufahrtswege frei sind und es Platz gibt, wo die Handwerker Maschinen lagern können. ❍

7 Gutes Klima schaffen
Wie man in den Wald hineinruft, so schallt es heraus. Unser Vorsatz: Ab und zu ein freundliches Gespräch mit den Handwerkern führen, für gute Arbeit Trinkgeld verteilen, auch mal einen Imbiss bringen. ❍

8 Arbeiten überwachen
Wir werden Arbeiten täglich prüfen und Arbeitsstadien fotografieren. Sollte ein Handwerker pfuschen, beseitigen wir den Mangel nicht selber, sondern fordern ihn auf, den Fehler zu beseitigen. Stundenzettel für Zusatzarbeiten unterschreiben wir nur, wenn wir zufrieden sind. ❍

9 Mängel reklamieren
Über grobe Mängel auf dem Bau informieren wir den Betrieb und fordern Nachbesserung. Dafür setzen wir zwei Wochen Frist. ❍

10 Beweise sichern
Wenn Streit unvermeidbar ist, wenden wir uns an eine Schiedsstelle der Handwerkskammer. Falls das keine Klarheit bringt, schalten wir auf der Stelle einen Anwalt ein und beantragen ein Beweissicherungs-Verfahren, in dem ein vereidigter Sachverständiger die Mängel vor Ort begutachtet. ❍

check

So läuft unser Bau reibungslos

Behördenärger vermeiden, Gefahren ausschalten und den Handwerkern zügiges Arbeiten ermöglichen

Lässt jeder Handwerker seine Materialreste liegen, sieht die Baustelle schnell aus wie eine Müllkippe. Regeln Sie per Vertrag die fachgerechte Entsorgung des Abfalls.

Der Architekt hat Detailpläne gezeichnet, die Handwerker sind ausgesucht und informiert: Sie dürfen mit dem Bau beginnen, sobald die Baugenehmigung in Ihrem Briefkasten liegt oder sich das Bauamt im »vereinfachten Genehmigungsverfahren« (siehe von *start! Wir planen unser Haus*, Seite 118) vier Wochen lang nicht gemeldet hat. Selbst wenn es Sie schon in den Fingern juckt: Fangen Sie nicht vorher an, auch nicht mit einem klitzekleinen bisschen Buddeln. Das ist verboten und birgt ein kostspieliges Risiko: Der Baugenehmigungsbescheid und die genehmigten Pläne enthalten vielleicht Auflagen oder Änderungen. Sie dürfen vielleicht einen Baum nicht fällen oder müssen Ihr Haus einen Meter weiter nach links rücken – dann war vorschnelle Arbeit vergeblich. Möglicherweise muss der Architekt Genehmigungsauflagen erst noch in die Werkpläne für die Bauausführung einarbeiten, das kann neue Teilausschreibungen erforderlich machen. Wenn Sie den Hausbau einem Generalunternehmer überlassen: Unterschreiben Sie den Vertrag erst, wenn Ihnen die Baugenehmigung vorliegt. Sonst ist Streit um eventuell höhere Baukosten programmiert. Der Zeitpunkt des Baubeginns ist im Vertrag mit Generalunternehmern besonders wichtig: Von diesem Tag an gilt die Frist für die Fertigstellung, zum Beispiel eine sechsmonatige Bauzeit. Es ist üblich, für den Baubeginn einen Zeitpunkt von drei bis sechs Wochen nach Abschluss des Vertrags festzusetzen – genug Zeit für den Unternehmer, Material zu bestellen und seinen Mitarbeiterstab zu komplettieren. Auf längere Wartezeiten sollten Sie sich nicht einlassen.

Baubeginn festlegen

Die Baugenehmigung gilt in manchen Bundesländern drei, in anderen vier Jahre und wird auf schriftlichen Antrag um jeweils zwei Jahre verlängert – erkundigen Sie sich auf dem Amt. Benötigen Sie für Ihren Bau keine Genehmigung, gelten auch keine Fristen. Allerdings können sich Bebauungsplan oder Rechtsvorschriften ändern – Sie müssen prüfen, ob Ihre Pläne zu Baubeginn neuen Festsetzungen entsprechen, wann immer er sein mag.

Baubeginn-Anzeige Wer im Frühjahr mit dem Bau beginnt, hat im Herbst sein Haus unter Dach und Fach, der Innenausbau erfolgt im Trockenen. Melden Sie der Bauaufsichtsbehörde den Baubeginn mindestens eine Woche vorher; der Baugenehmigung liegt ein Vordruck zum Ausfüllen bei. Andernfalls zeigen Sie den Baubeginn schriftlich und formlos an. Sollte Ihre Baustelle später aus irgendeinem Grund mehr als sechs Monate ruhen, müssen Sie der Bauaufsichtsbehörde auch die Wiederaufnahme der Bauarbeiten wenigstens eine Woche vorher schriftlich mitteilen. War für Ihr Haus eine Baugenehmigung notwendig, müssen Sie auf der Baustelle – an einem gut sichtbaren Platz – eine Bautafel anbringen. Sie soll Auskunft geben, welche Art von Gebäude errichtet wird, wie Bauherr und Architekt heißen und wo sie wohnen.

Bauwasser/Baustrom beantragen Handwerker benötigen jede Menge Wasser. Sie können es in Behältern bereitstellen, die Versorgung mit Nachschub ist jedoch mühsam und würde ständige Kontrolle der Vorräte erfordern. Üblich und bequemer ist es, das Wasserversorgungsunternehmen um die Installation einer Trinkwasserleitung zu bitten. Strom für die Baustelle muss ein zugelassener Elektro-Installateur beantragen, er wendet sich an ein Energieversorgungs-Unternehmen. Bestimmen Sie, wo der Elektriker anruft. Sonst gehen Sie ruckzuck einen Vertrag ein mit einem Stromlieferanten, dessen Preisgestaltung oder umweltfeindliche Stromerzeugung Ihnen unsympathisch ist. Mehr zur Wahl Ihres Energieversorgers lesen Sie ab Seite 94. Eine andere Möglichkeit: Ihr Nachbar erlaubt Ihnen, gegen Vergütung Baustrom aus seinem Haus zu zapfen. Kündigen Sie dies seinem Stromlieferanten an und beachten Sie die Sicherheitsvorschriften für elektrische Freileitungen: Sie müssen stolper- und regensicher abgedeckt oder abgeschrankt werden.

Baubude besorgen Muss nicht sein, ist aber praktisch zum Aufwärmen, Abwarten von Regenschauern und Einschließen von wertvollem Werkzeug: Man mietet die Baubude von einem Bau-

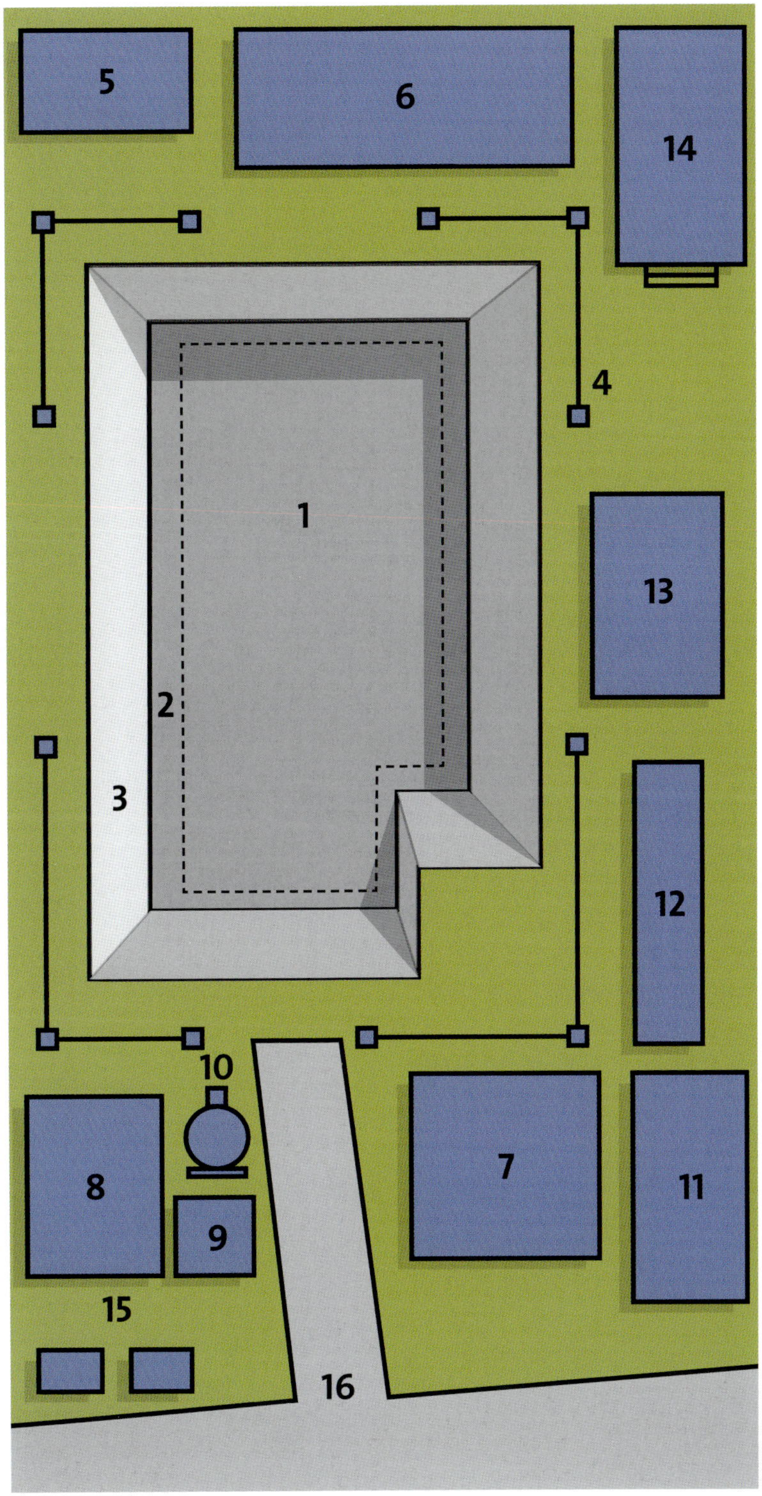

Baustelle übersichtlich einrichten:
1 Baugrube
2 Arbeitsraum für Maurer
3 Böschung
4 Schnurgerüst
5 Mutterboden
6 Aushub zum Verfüllen
7 Steinlager
8 Kieslager
9 Zement
10 Betonmischer
11 Baustahlmatten
12 Stabstahl
13 Bauholz
14 Baubude
15 Anschluss Strom/Wasser
16 Zufahrt

Baustelle sichern: »Betreten verboten«-Schild reicht nicht, ein auffälliger Zaun muss Passanten den Zutritt verwehren.

Diese Anträge stellen wir vor dem Baubeginn

So früh wie möglich die Erlaubnis zur Beseitigung von Bäumen einholen, und den Baubeginn spätestens eine Woche vorher anzeigen, beides bei der Kreisverwaltungsbehörde der Stadt oder Gemeinde. Dort auch nach Erstellen des Schnurgerüsts seine Abnahme erbitten. Braucht man für Gerüst oder Lager Platz auf öffentlicher Verkehrsfläche (z.B. Gehweg): Amt für öffentliche Ordnung fragen.

tipp

unternehmer oder kauft ein ausrangiertes Modell von einem Straßenbau- oder Forstunternehmen. Vielleicht ergattern Sie auch billig einen alten Camping-Wohnwagen – versuchen Sie es per Kleinanzeige in Ihrer Regionalzeitung, oder bieten Sie mit in einer Internet-Versteigerung. Wer für die Baubude nicht extra Geld ausgeben will, lässt die ohnehin geplante (Fertig-)Garage vor Beginn der Bauarbeiten liefern, richtet darin Pausenraum und Gerätelager ein und deponiert dort Baugenehmigung und Bauvorlagen. Bauherren genehmigungspflichtiger Gebäude müssen diese Dokumente an der Baustelle stets parat liegen haben: Mitarbeiter der Bauaufsichtsbehörde sind berechtigt, die Bauausführung stichprobenartig zu überprüfen – auch für genehmigungsfreie Häuser.

Bauplatz ordnen

Fotografieren Sie Ihr Grundstück, bevor der Bagger vom Tieflader ruckelt – als Erinnerung und Beleg, falls es irgendwann mit irgendwem zu einem Disput kommen sollte über Bodenzustand, Platzverhältnisse oder Bewuchs Ihres Grundstücks, Grenzsteine, Nachbarzäune oder Gebäude.

Lagerplatz schaffen Wie Sie Ihre Baustelle in etwa einrichten sollten, zeigt die Zeichung auf Seite 27. Wenn alles seinen festen Ort hat und übersichtlich geordnet ist, vergeudet man keine teure Arbeitszeit mit Suchen und verringert die Unfallgefahr. Reinigen und entrümpeln Sie Ihre Baustelle mindestens einmal pro Woche. Reservieren Sie nebeneinander 30 Quadratmeter Areal für Bausteine, halb so viel für Kies, 6 Quadratmeter zum Lagern von Zement und einen Standplatz für die Betonmischmaschine. Schalungsbretter oder vorgefertigte Bauteile benötigen etwa 20 Quadratmeter, ebenso viel Stahlmatten zur Betonbewehrung.

Zufahrt herrichten Lassen Sie zwischen Straße und Baugrube eine gerade Zufahrt in LKW-Breite frei, lockeren oder matschigen Boden befestigen Sie mit grobem Schotter. Auch die Wege zwischen den Baustoff-Lagerplätzen sollten geradlinig verlaufen – es ist mühsam und gefährlich, raumbreite Stahlmatten oder geschosshohe Glasscheiben um Kurven zu bugsieren.

Mutterboden deponieren Sichern Sie vor dem Aushub die oberste Erdschicht des Bauplatzes; der 10 bis 20 Zentimeter tiefe Humus enthält Kleinstlebewesen, die später Ihren Garten aufblühen lassen. Schieben Sie das Baufenster, Materiallagerplätze und die Zufahrt frei und schütten Sie die wertvolle Erde in der hintersten Grundstücksecke zu Hügeln von höchstens zwei Metern auf. Diese Arbeit mit dem Radlader schaffen nach Einweisung auch Laien – ein Radlader kostet pro Tag etwa 180 Euro Miete, man schiebt etwa 5 Kubikmeter Boden in der Stunde zusammen und spart durch die dreieinhalb bis vier Stunden Eigenleistung etwa 450 Euro Entlohnung für den Bauunternehmer.

Baustelle sichern

Der Bauherr ist für die Sicherheit der Baustelle verantwortlich, darf jedoch die Einrichtung und Überwachung von Sicherheitsvorschriften an seinen Bauleiter übertragen. Die wichtigsten Regeln: Unfälle müssen verhütet werden nach allgemein anerkannten sicherheitstechnischen und arbeitsmedizinischen Regeln. Fachlich geeignete Vorgesetzte müssen die Bauarbeiten leiten und beaufsichtigen. Der Bauunternehmer hat seinen Beschäftigten Schutzhelme, Schutzschuhe und sonstige Schutzausrüstung zur Verfügung zu stellen, der Bauherr muss sie für sich und helfende Freunde kaufen. Erd- und Felswände sind für den Aushub so abzuböschen oder zu verbauen, dass ein Abrutsch der Massen niemanden gefährdet. Absturzsicherungen sind erforderlich an Arbeitsplätzen und Verkehrswegen ab 2 Meter Höhe, für Arbeiten auf Dächern ab 3 Meter, beim Mauern »über die Hand« ab 5 Meter. Absturzsicherungen sind zum Beispiel ein dreiteiliger Seitenschutz, Fanggerüste und Fangnetze. Dachfanggerüste für Arbeiten auf Dächern mit mehr als 20 Grad Neigung müssen eine Schutzwand haben, die von der Traufkante mindestens 70 Zentimeter entfernt ist. Der Gerüstbelag darf nicht tiefer als 1,5 Meter unter der Traufkante liegen. Öffnungen in Decken und Wänden sind gegen Stürze zu sichern. Nur Elektrofachkräfte dürfen elektrische Einrichtungen errichten, ändern oder instandsetzen.

Bauplatz vermessen

Der Vermessungsingenieur liefert um den Zeitpunkt des Grundstückskaufs in einem Lageplan exakte Angaben über Höhe, Lage und Grenzen des Bauplatzes und trägt darin jetzt das geplante

Bäume vor Verletzungen bewahren – Bretter nicht am Stamm befestigen, sondern miteinander koppeln.

Sicherheit auf der Baustelle

Margarete Schubsky, Pressereferentin der Bau-Berufsgenossenschaft Bayern und Sachsen (Bau-BG)

Baustellensicherheit – muss mich das als Bauherr interessieren? Sind dafür nicht die Handwerker selbst verantwortlich?
Was vielen nicht klar ist: Der Bauherr ist mitverantwortlich für die Sicherheit auf der Baustelle und muss die Vorgaben der Baustellen-Verordnung beachten.
Ach so! Und was heißt das bitte im Klartext?
Sie legen zusammen mit Ihrem Bauleiter einen Sicherheits- und Gesundheitsschutzplan fest – und zwar vor dem Baubeginn. Der Plan enthält sämtliche Maßnahmen, die wichtig sind.
Also Bauhelme, Brillen und Schutzschuhe für alle?
Das und noch vieles mehr: Sicherungen gegen Absturz zum Beispiel wie Fanggerüste, Fangnetze und Abdeckungen von Öffnungen in Decken und Wänden. Die Bau-BG verschickt auf Anfrage die Unfallverhütungsvorschrift für Bauarbeiten.
Habe ich damit endlich alle meine Bauherren-Pflichten erledigt?
Nicht ganz. Während der Bauausführung werden diese Maßnahmen jeweils in die Bauphasen eingebunden. Dafür ist der Bauleiter zuständig, am besten der Architekt oder ein anderer Fachkundiger. Der Bauherr muss ihn beauftragen.
Wer zahlt, wenn uns trotzdem etwas passiert?
Unfälle des Bauherrn und seines Ehepartners lassen sich finanziell absichern mit einer privaten Unfallversicherung oder über die Bau-Berufsgenossenschaft.
Freunde helfen und kommen zu Schaden – das kann einen Bauherrn ruinieren …
Für Personen- und Sachschäden Dritter springt die Bauherren-Haftpflicht ein. Helfen Freunde und Bekannte mit, sind sie gegen Unfälle per Gesetz bei der Bau-BG versichert. Der Bauherr muss seinen Bau vor dem ersten Spatenstich dort anmelden.
Das kostet sicher wieder jede Menge Geld …
Für jede Helferstunde wird Beitrag fällig, in Bayern liegt er beispielsweise bei 2,08 Euro.
Wo kann man sich das alles noch einmal erklären lassen?
Bei der Bau-Berufsgenossenschaft, die für Ihre Region zuständig ist. Auch das örtliche Gewerbeaufsichtsamt gibt Auskunft.

Preiswerter als ein Pauschalpreis für den Bauschutt-Container: Berechnung der tatsächlichen Abfallmenge mit mobiler, geeichter Waage. Info: www.pfreundt.de

Gebäude ein für Katasteramt, Architekt und Kreditgeber. Bevor Sie doppelt zahlen: Der Ingenieur eines Baubüros hat keine Beurkundungs-Befugnis – lieber einen öffentlich bestellten Vermesser beauftragen. Seine Kosten hängen ab von Bodenwert und Fläche, Anzahl der Teilflächen und Zahl der Grenzpunkte – ein Lageplan mit Höhen kostet für ebenen Grund um 800 Euro.

Vor dem Aushub Der Baggerfahrer muss wissen, wie viel Grundstücksfläche er in eine Baugrube verwandeln soll. Vor dem symbolischen »ersten Spatenstich« des Bauherrn markiert der Vermessungsingenieur ihre Maße mit Pflöcken. Bauherren können diese Arbeit auch selbst erledigen, sie brauchen etwa fünf Stunden für das Übertragen der Maße vom Lageplan auf das Grundstück. Es kommt noch nicht auf den Zentimeter an, die Baggerschaufel frisst sich sowieso grob ins Gelände. Denken Sie daran: Auf einem Hanggrundstück misst man die Abstände nicht parallel zur Geländeneigung, sondern immer waagerecht!

Der Vermessungsingenieur markiert nach dem Aushub die genaue Position des Gebäudes mit einem Schnurgerüst und kontrolliert am Rohbau, ob die Vorgabe zentimetergenau eingehalten wurde.

Nach dem Aushub Während der Bauphase müssen die Grundstücksgrenzen jederzeit klar zu erkennen sein. Sobald ein neues Gewerk auf der Baustelle antritt: Informieren Sie die Leute, dass Fahrzeuge, Material und Müll auf der Grundstücksgrenze nichts zu suchen haben und jenseits von ihr schon gar nicht. Kontrollieren Sie, ob sich die Handwerker an Ihre Anweisungen halten. Betonbauer und Maurer benötigen eine Orientierung zum Verlauf der Außenwände – ein Schnurgerüst. Errichten darf es der Bauherr: Unten auf der Schachtsohle steht es sicher, oben auf der Grubenkante wird es häufig umgefahren. Das Schnurgerüst einmessen darf aber nur ein Vermessungsingenieur. Rechte Winkel aus Brettern stellen ungefähr die Position der Hausecken dar, Schnüre dazwischen geben exakt den Verlauf der Hauswände auf ihren Außenseiten vor. Die Kreuzungspunkte der Schnüre markieren verbindlich die Hausecken. Sie beugen Ärger vor, wenn Sie dieses Baufenster und die Abstandsflächen zu Ihren Nachbarn peinlich genau einhalten.

Nach Fertigstellung Rohbau Steht der Rohbau, müssen Sie den Vermessungsingenieur noch einmal bestellen: Er überprüft, ob das Hausgerippe genau in seinem Schnurgerüst steht. Nach der endgültigen Fertigstellung des Gebäudes rückt der Vermesser ein drittes Mal an und prüft, ob sich seit seiner Rohbaukontrolle Lage und Außenmaße des Gebäudes verändert haben.

Bauschutt entsorgen

Sie sind verpflichtet, Baumüll zu trennen: Schutt aus Steinen und Ziegeln, Fliesen und Mörtel kommt in den Container des Bauunternehmers. Jeder Landkreis regelt anders, wer Lack-, Dicht- und Schaumstoff, behandeltes Bauholz, Metall und Styropor annimmt – telefonieren Sie mit Stadtverwaltung oder Landratsamt. Rohes Holz heben Sie sich selbst auf – für Ihren Kaminofen.

▶ **Pfusch am Bau: Was Sie gegen schlampige Arbeit wirkungsvoll unternehmen können, erfahren Sie unter www.haus.de/bauschaden**

Tausend Anträge: So geht uns keiner durch die Lappen

Mitarbeiter von Behörden kontrollieren Sicherheit und Funktion Ihres Hauses, Versorgungs-Unternehmen liefern Wasser und Energie. Die Checkliste erleichtert Ihnen den Überblick, wen Sie wann auf Ihre Baustelle holen müssen. Haken Sie jeweils ab, was Sie schon erledigt haben.

1 **Baubeginn anzeigen**
Mindestens eine Woche vor Baubeginn per Formblatt, für genehmigungsfreie Bauvorhaben mit formlosem Brief an das Bauamt. ❍

2 **Schnurgerüst kontrollieren**
Gebäudeabsteckung und Höhenlage müssen vor Baubeginn vom staatlichen Vermessungsingenieur abgenommen werden, Antrag an Gemeinde, Stadt. ❍

3 **Baustrom anschließen**
Vor Baugrubenaushub Antrag auf Stromanschluss und Zähler an ein Energieversorgungs-Unternehmen (EVU) stellen. ❍

4 **Bauwasser anschließen**
Vor Aushub Antrag auf Anschluss und Zähler an Stadtwerke/Wasserversorgung. ❍

5 **Straße sperren**
Muss für die Verlegung von Anschlüssen, als Stellfläche für Gerüst oder Lagerplatz von Baustoffen öffentlicher Verkehrsraum gesperrt werden: vorher Amt für öffentliche Ordnung informieren. ❍

6 **Hausstrom anschließen**
Hausstromanschluss und Zählermontage vom EVU beantragen für den Zeitpunkt der Fertigstellung der Elektroinstallation. ❍

7 **Abwasser entsorgen**
Grundleitungen abnehmen lassen und Kanalanschluss bei Stadtentwässerung oder Abwasserzweckverband der Gemeinde beantragen. ❍

8 **Hauswasser anschließen**
Hauswasseranschluss und Zähler vom Wasserversorger beantragen. ❍

9 **Rohbau kontrollieren**
Rohbau- und Kaminabnahme bei Bauaufsichtsbehörde und Kaminkehrer beantragen. ❍

10 **Gebäude kontrollieren**
Nach Fertigstellung des Hauses Schlussabnahme bei der Bauaufsichtsbehörde beantragen. ❍

11 **Kamine kontrollieren**
Nach Fertigstellung des Gebäudes Schlussabnahme der Heizungsanlage und der Kamine beim Kaminkehrer beantragen. ❍

12 **Grenzen ziehen**
Wurden durch Buddelei und Bauarbeiten Grenzmarkierungen beschädigt oder entfernt: Wiederherstellung der Grundstücksgrenzen beim staatlichen Vermessungsamt beantragen. ❍

check

So halten wir das Geld zusammen

Finanzfluss in Gang halten und Kosten kontrollieren

Rechnungen und Zahlbelege ordentlich abheften, so lassen sich Forderungen prüfen und Fehler aufdecken. Ein Telefonat mit Architekt oder Meister schafft im Zweifel Missverständnisse aus der Welt.

Geliehenes Geld kostet schon etwas, bevor man es überhaupt hat: Stellen Sie nicht nur für den Hausbau einen Zeitenplan auf (Info ab Seite 6), planen Sie auch Termine für die Finanzierung. Nehmen Sie Kredite so spät auf wie möglich – sobald sie in Warteposition stehen, kosten sie Bereitstellungszins.

Darlehen in Teilbeträgen In Gesprächen mit Bank und Bausparkasse lässt sich manchmal ein Gratis-Jahr heraushandeln, in der Regel ist jedoch nur das erste halbe Jahr kostenfrei – danach verlangen Kreditgeber Bereitstellungszinsen, pro Jahr etwa zwei bis drei Prozent des nicht ausgezahlten Darlehensbetrags. Hypothekenbanken, Bausparkassen und Versicherungen zahlen die Finanzierungsmittel in den seltensten Fällen auf einen Schlag aus. Im Allgemeinen splitten sie die Darlehenssumme in Teilbeträge und geben sie nach Baufortschritt aus. Handwerkerrechnungen flattern aber während der Bauzeit kontinuierlich ins Haus, auch wenn Sie gerade auf die nächste Teilsumme warten und eigentlich nicht flüssig sind. Ein vorübergehend erweiterter Überziehungs-Spielraum auf dem laufenden Girokonto überbrückt den Engpass, ist aber die teuerste Variante. Viele Bauherren lassen sich für die Lücke bis zur nächsten Darlehensportion die Möglichkeit eines Zwischenkredits einräumen. Wählen Sie den Kreditrahmen in ausreichender Höhe für den Fall, dass Sie viele Rechnungen zugleich bezahlen müssen. Ein Zwischenkredit kostet Zinsen, die Sie sofort bezahlen müssen. Für die Tilgung haben Sie etwas Aufschub, sie erfolgt mit den Teilauszahlungen des Hypotheken- oder Bausparkassendarlehens. Gegen Ende der Bauphase gehen Zins und Tilgung für den Zwischenkredit nahtlos in Ihre langfristige Baufinanzierung über.

Zwischenfinanzierung Handwerker sind nicht immer so termintreu, wie Sie als Bauherr es gerne hätten. In der Laufzeit der Zwischenfinanzierung sollte deshalb Luft sein. Zwar wird der Kreditgeber den Termin in aller Regel ohne große Formalitäten verlängern, wenn es notwendig ist. Aber ärgerlich ist es, wenn sich inzwischen das Zinsniveau zu

Ihren Ungunsten verändert hat. Dann passt der Zwischenfinanzierer meist auch die Konditionen für seinen Kredit an und Sie zahlen mehr Zinsen. Sie möchten anfangen zu bauen, es dauert aber noch einige Zeit, bis Ihr Bausparvertrag zuteilungsreif ist? Auch dann wird man Ihnen zu einer Zwischenfinanzierung raten – oder zu einer Vorfinanzierung des Vertrags.

Vorfinanzierungskredit In Niedrigzinsphasen für Hypothekendarlehen konkurrieren Bausparkassen mit Angeboten für noch günstigere Bauspardarlehen. Wer zu Baubeginn einen solchen Vertrag abschließt, genießt den garantierten Zinsvorteil sieben oder acht Jahre später, wenn das Darlehen zuteilungsreif wird – die Restschuld eines Hypothekendarlehens lässt sich preiswert ablösen. Man kann mit einem frisch abgeschlossenen Bausparvertrag auch sofort finanzieren, Fachleute sprechen von Vorfinanzierung. Sie bekommen 100 Prozent der Bausparsumme geliehen, davon müssen Sie – je nach Bauspartarif – 40 Prozent auf den Vertrag einzahlen und dort lassen, bis er zuteilungsreif ist. Als Baugeld stehen Ihnen 60 Prozent der Bausparsumme zur Verfügung. Zinsen zahlen Sie aber für 100 Prozent, und zwar den üblichen Satz für Hypothekendarlehen – der niedrige Bausparzins gilt erst ab Zuteilungsreife. Das Bausparkonto verzinst sich bis dahin nur gering. Verbraucherschützer raten von einer Vorfinanzierung ab.

Konten trennen

Halten Sie Lebensunterhalt und Baugeld auseinander. Das verbessert den Überblick, wie viel Sie für das Haus (noch) ausgeben dürfen, und hat einen psychologischen Vorteil: Wer jeden freien Betrag in den Bau investiert, fühlt sich von ihm aufgefressen und schiebt trotz aller Vorfreude auf das Haus Frust. Auf einem getrennten Familienkonto erkennt oder bildet man Reserven für hausferne Anschaffungen und sogar kleine Vergnügungen.

Baukonto anlegen Eröffnen Sie vor Baubeginn ein Giro- oder Tagesgeldkonto für alle Zahlungsein- und ausgänge, die Ihr Haus betreffen. Von dort überweisen Sie Rechnungen von Finanzamt und Notar, Architekt und Handwerkern. Nach dem Umzug lassen Sie auf dieses Hauskonto einen monatlichen Fixbetrag fließen für laufende Kosten wie Strom und Heizöl, Kanalgebühr und Grundsteuer. Dort sollten sich zudem Instandhaltungs-Rücklagen ansammeln, die Sie für Wartung und Renovierung benötigen – pro Quadratmeter Wohnfläche 50 Cent bis einen Euro monatlich.

Finanzcheck Auf ein Bauspardarlehen greifen Sie zu, indem Sie der Bausparkasse Zahlungsaufträge erteilen. Die Bank überweist die Teildarlehen auf Ihr Baukonto, das Sie selbst verwalten. Holen Sie einmal pro Woche die Kontoauszüge, prüfen Sie jede Buchung – selbst Banker verrechnen sich. Auch Handwerker sind nur Menschen und stellen Rechnungen zweimal. Heften Sie alles ordentlich ab, so beweisen Sie im Nu Ihre Zahlungsmoral.

▶ **Finanzierung: Wertvolle Tipps rund um eine solide Hausfinanzierung finden Sie unter www.haus.de/aktuell**

**Eigenkapital von 50 000 Euro eingesetzt für Grundstückskauf, Baubeginn März, Baukosten 200 000 Euro. Hypothekendarlehen der Bank über 90 000 Euro plus Vorfinanzierungskredit der Bausparkasse über 60 000 Euro oder Bausparvertrag mit 60 000 Euro Bausparsumme*

Finanzierungs-Timing: Kreditauszahlungen in Schritten*

Monat	Bauphase	... und Hypothekendarlehen	... und Vorfinanzierungskredit	... oder Bausparvertrag
April	Rohbau	1. Teilauszahlung, 50 000 Euro, evtl. Zwischenfinanzierung bis 2. Teilauszahlung		
August	Innenausbau	2. Teilauszahlung 40 000 Euro, evtl. Zwischenfinanzierung bis 1. Teilauszahlung Vorfinanzierung bzw. Zuteilung Bausparvertrag		
Oktober	Innenausbau		1. Teilauszahlung 40 000 Euro, evtl. Zwischenfinanzierung bis 2.Teilauszahlung	Bausparkasse überweist an Handwerker jeweils nach Einreichen der Rechnung durch den Bauherrn
März	Außenanlagen		2. Teilauszahlung 20 000 Euro	Bausparkasse überweist an Handwerker jeweils nach Einreichen der Rechnung durch den Bauherrn

Der Computer kontrolliert Baukosten

Sparsam bauen und komfortabel leben: Eine Familie verrät Tricks, wie man die Baukosten überblickt und im Griff behält.

Die Familie Rimmele legte eine saubere Punkt-Landung hin – 174 000 Euro durfte ihr Bau maximal kosten, samt einem Haustechnik-Planungsbüro für den Hausherrn.

Baukostenlimit setzen Diese 174 000 Euro also standen als Maximum zur Verfügung. Der Architekt Ingo Bucher-Beholz schrieb die Bauarbeiten exakt aus. Die Bauherrin lernte in Windeseile das Tabellenprogramm Excel, tippte in den Computer die Kostenvoranschläge der Handwerker und addierte: etwa 158 000 Euro. »Mehr wird nicht ausgegeben«, lautete die Entscheidung der Rimmeles.

Ausgaben kontrollieren Während der Bauphase zogen sie jede bezahlte Rechnung ab, per Mausklick erschien das Restbudget. Die Anzeige schwarz auf weiß bewahrte vor ungeplanten Ausgaben und teuren Änderungen während der Bauphase.

Abweichungen vergleichen Als beispielsweise für den Bau des Carports kaum noch Geld übrig blieb, streuten die Bauherren Splitt auf die Stellfläche und verschoben das kostspieligere Granitpflaster auf später.

Grundstück nutzen Die Bauherren zirkelten ihr Haus in eine 6 x 16 Meter schmale Schneise zwischen Bach und alten Bäumen. »Erst roden, dann wieder Bäume kaufen – das sparten wir«, sagt Rimmele.

Muskeln einsetzen Der Architekt hatte leichte Bauteile und Materialien gewählt, ein Kran war nicht nötig. Handwerker verzahnten ein Fichtenskelett auf dem Betonkeller. Ein Zimmermann stellte die Trennwände auf, andere Handwerker lehnten ihre Aufträge kurzfristig ab. Der Bauherr nahm die Dachdeckung aus Wellblechplatten Huckepack und befestigte sie auf den Sparren, setzte die Treppengeländer aus 110 billigen Wasserrohren zusammen und lackierte die Badezimmerwände. Der Heimwerker wider Willen sparte so umgerechnet 7 900 Euro.

Zeit gewinnen Wer alles Überflüssige meidet, gewinnt Wohnwert und Hauscharakter, spart Geld und Bauzeit: Sechs Monate nach Aushub zogen die Rimmeles in ihr Eigenheim.

Welcher Geld-Typ bin ich eigentlich?

Ihr Umgang mit Geld bestimmt, ob Ihr Bauvorhaben auf einem soliden Finanz-Fundament steht oder zum ruinösen Abenteuer wird. Der Test kann Sie warnen: Für jedes ❶ gibt es 1 Punkt, für jedes ❷ 3 Punkte, pro ❸ 5 Punkte. Addieren Sie und besprechen Sie das Ergebnis mit Ihrem Partner.

Was ich mir leisten kann, weiß
❶ *ein Finanzberater*
❷ *ich selbst*
❸ *meine Bank*

Ich überziehe mein Konto
❶ *prinzipiell nicht*
❷ *nur um kleine Beträge*
❸ *um größere Summen*

Beim Einkaufen mehr Geld ausgeben als ich eigentlich wollte
❶ *passiert mir nie*
❷ *kommt schon mal vor*
❸ *ist für mich normal*

Kreditkarte für Jugendliche ab 16 Jahren
❶ *finde ich gefährlich*
❷ *ist ok, wenn sie damit nicht ihr Konto überziehen können*
❸ *ist ein gutes Erziehungsmittel. Man lernt, dass man Schulden zurückzahlen muss.*

Ihr bester Freund/Ihre beste Freundin bekommt einen Kredit nur, wenn Sie für ihn/sie bürgen.
❶ *Das mache ich auf keinen Fall.*
❷ *Ich mache meine Unterschrift abhängig von der Kredithöhe.*
❸ *Ich bürge – wenn ich mal in der Patsche sitze, würde er/sie mir ja auch helfen.*

Bezahlen mit Kreditkarte
❶ *ist verführerisch, lieber bezahle ich bar*
❷ *ist heutzutage normal – und wenig riskant, solange man den Überblick behält*
❸ *ermöglicht Spontankäufe, falls ich mal nicht flüssig bin*

Wie haben Sie Ihre Bank oder Sparkasse ausgesucht?
❶ *Die Gebühren sind niedrig*
❷ *Sie ist in der Nähe*
❸ *Zufall – im Grunde sind die Institute doch alle gleich*

Über Geld redet man nicht, Geld hat man. Was meinen Sie dazu?
❶ *Stimmt, ich habe immer eine Reserve im Rücken.*
❷ *Warum soll ich nicht über meine finanzielle Situation reden – auch über Geldprobleme?*
❸ *Ist was dran – besonders wenn ich klamm bin, kommt Geld manchmal ganz unvermutet von irgendwoher.*

Sie würden Ihre Bank wechseln
❶ *wenn ich eine fände, die weniger Gebühren verlangt*
❷ *wenn ich mich über die Leute sehr ärgern würde*
❸ *wenn ich umziehen würde*

Ohne Handy ist man heutzutage ein Niemand
❶ *Stimmt nicht, es geht prima ohne. Ich halte das Geschäft für eine gigantische Abzocke.*
❷ *Mobil telefonieren ist ganz praktisch – man muss halt die Kosten im Auge behalten.*
❸ *Wer keins hat, isoliert sich.*

Was halten Sie von Geld?
❶ *Geld ist nicht alles, aber ohne Geld ist alles nichts.*
❷ *Allein macht es nicht glücklich.*
❸ *Ohne Moos nichts los.*

Wie wichtig sind Ihnen Trends?
❶ *Meine Meinung: Erst aufs Geld schauen, dann auf die Marke.*
❷ *Na ja, wer kann es sich schon leisten, nicht »in« zu sein?*
❸ *Mit No-Name-Klamotten lasse ich mich nirgends blicken.*

Thema Geschenke?
❶ *Ich überlege zuerst den Preis.*
❷ *Ich tue mich mit anderen zusammen, dann kann man günstig etwas Gutes kaufen.*
❸ *Wenn ich einen Knüller finde, darf er auch was kosten.*

Ein Freund bucht einen Last-Minute-Trip. Fahren Sie mit?
❶ *Nein, er muss alleine reisen.*
❷ *Ich frage die Bank, ob es geht.*
❸ *Ich buche und regele irgendwie das Finanzielle.*

Bis 15 Punkte
Sie sind ein Sparfuchs, fällen Entscheidungen mit Verstand und verwalten Ihr Geld besonnen, fast knauserig. Das ist seriös, leider auch unspontan. Ihnen werden die Baukosten kaum davonlaufen, aber eventuell fällt Ihr Haus etwas kärglich und unkomfortabel aus. Sie dürften sich und Ihrem Partner mal etwas außer der Reihe gönnen.

15 bis 29 Punkte
Sie sind ein Pragmatiker, überdenken große Ausgaben mit Sorgfalt. Zu spontanen Ausgaben lassen Sie sich nur hinreißen, wenn es um kleinere Beträge geht. Ihr Bau wird vermutlich etwas teurer als geplant – das tut Ihnen aber nicht weh, weil Sie sich über emotionalen Mehr-Wert freuen. Nehmen Sie sich für kostenträchtige Entscheidungen mehr Zeit.

Über 30 Punkte
Sie sind ein Leichtfuß – Vorsicht! Sie leben und bauen über Ihre Verhältnisse. Haushaltbuch führen ist für Sie ab sofort Pflicht. Überschlafen Sie jede kostenintensive Änderung am Bau zwei Nächte lang – wenn Sie so weitermachen, werden Sie sich sonst weit über die Halskrause verschulden.

test

hebel-haus
Hier entsteht ein
Original Hebel Haus.
Herzlich Willkommen!

Wie wir die Nerven behalten

Der Hausbau wirbelt unsere Familie ganz schön durcheinander, es kommt so viel Neues auf uns zu: Statt ins Grüne führen alle Ausflüge zur Baustelle, Geld fließt in Kabeltrommeln statt Kinderschuhe, das Liebesleben liegt brach, und der Nachwuchs streitet um die Zimmer. Manchmal ist sogar richtig dicke Luft – wir sind schließlich auch nur Menschen. Wie gehen wir eigentlich miteinander um und mit allen, die am Bau beteiligt sind? Am besten, wir setzen uns zusammen und überlegen, wie wir Familienkrach umschiffen, mit Handwerkern und den neuen Nachbarn klar kommen und ein schönes Richtfest feiern.

So meiden wir Krach in der Familie

Gemeinsam die Aufregung überstehen

Nestbau für die Familie und den Hund: In der Traumphase scheint alles noch ganz einfach. In der Bauphase strapaziert die Wirklichkeit manchmal Nerven und Partnerschaft.

Wenn der Bodenbelag fürs Bad nächste Woche nicht da sei, hatte der Fliesenleger gedroht, gehe er erst mal in Urlaub, und danach sehe es bis Weihnachten ganz schlecht aus mit Terminen. Sie haben mit Ihrer besseren Hälfte und den Kindern schon vier Fliesengeschäfte abgeklappert und stehen im fünften. Sie klappen die hundertachtundvierzigste Musterwand von rechts nach links, entwinden Ihrem Jüngsten eine Kartusche Fugenmasse und erklären seinem Geschwister den Nachteil von Bärchenfliesen in einem Erwachsenenbad. Entdecken – endlich – Fliesen, die wenigstens Ihnen gefallen. Sie nehmen Ihrem Jüngsten den Prospektständer weg, nehmen Blickkontakt auf mit der Frau/dem Mann Ihres Herzens: »Na?!« Er/sie raunzt die Kinder an: »Legt die Bärenfliesen zurück«, und sagt zu Ihnen: »Vielleicht ist Laminat besser.« Sie fahren nach Hause, fliesenlos. Während Ihre bessere Hälfte hinterm Steuer sinniert: »Eigentlich ist es ganz egal, was man verlegt. In einem Jahr guckt da keiner mehr hin ...«, gehen Sie mit den Rackern auf der Rückbank zum zwölften Mal die Argumente gegen Bärchenfliesen durch. Plötzlich erinnern Sie sich an Zeilen eines Gedichts von Erich Fried: »Es ist Unsinn, sagt die Vernunft. Es ist, was es ist, sagt die Liebe.«

Bauherren-Romantik

In Träumen sind Bau-Herr, Bau-Frau und Bau-Kinder ein Herz und eine Seele: Sie basteln gemeinsam ihr Nest, organisieren und entscheiden im Team, teilen sich die Aufgaben und präsentieren sich als starke Einheit. Die Baustellen-Wirklichkeit ist rau: Paare streiten, Kinder nörgeln. Darüber, wer was macht und wie viel Geld wofür ausgegeben wird, was schön aussieht und ob im neuen Wohnzimmer geraucht wird, wann eine Ehe eigentlich keine mehr ist und warum man den blöden Bruder nicht in der alten Wohnung zurücklässt. In jeder Partnerschaft gibt es gelegentlich Zoff und unter normalen Umständen wird er bereinigt und vergessen. Bauherren befinden sich in einem Ausnahmezustand, zwei Jahre oder länger: Sie sind keine Finanzexperten, Juristen und Bautechniker und verschulden sich, unterschreiben Verträge und entscheiden über Estrich nass oder trocken. So gut wie nie in seinem Leben bewegt sich der Mensch auf so vielen Minenfeldern gleichzeitig und hat größere Angst vor Fehlern. Wer sich unsicher fühlt, sucht Rückhalt und wünscht sich, der Partner möge Entschlüsse bestätigen – Uneinigkeit stresst und enttäuscht Bauherren-Paare mehr als andere. Im Team ginge doch alles leichter, oder? »Jein«, sagen Arbeitspsychologen und raten ab von Romantik und dem Anspruch, alle Aufgaben gemeinsam zu lösen. Aber Vorsicht: Wer daraus den Schluss zieht, er müsse Entscheidungen in Einzelkämpfermanier fällen, baut das Haus möglicherweise bald mit einem frustrierten Mitläufer, der sich um nichts mehr kümmert. Vorschlag der Profis: zusammen denken, allein arbeiten.

Team-Arbeit

Ideen finden und Abläufe planen – das geht tatsächlich am besten im Team: Zwei Köpfe strengen schließlich doppelt so viele Gehirnzellen an wie einer allein, und jeder steuert aus seinen Wünschen und Erfahrungen, Informationen und Fachkenntnissen das bei, was die Sache vorantreibt. Standort und Hausgröße beispielsweise, seine Form und die Aufteilung der Räume darf nicht einer allein ausbrüten, sondern müssen gemeinsam besprochen werden. In der Arbeitswelt veranstaltet man dazu ein »Brainstorming«: Jeder äußert seine Gedanken und Wünsche, alle hören zu, niemand rollt genervt mit den Augen. Erst wenn niemandem mehr etwas einfällt, prüft man alle Ideen auf Nutzen und Finanzierbarkeit. Auch Organisatorisches sollte im Team geklärt werden: Wann Urlaub sinnvoll wäre für Eigenleistungen am Bau, ob Schwiegermama samstags die Kinder nimmt und Ihnen Essen auf die Baustelle bringt, und warum der Elektriker dauernd Sie anruft statt den Bauleiter. Um das herauszufinden setzen sich alle Beteiligten an einen Tisch. Nur in Zusammenarbeit lässt sich festlegen, wie die Baustelle reibungslos funktioniert, oder erforschen, wie Sand ins Getriebe geraten ist. Geht es um die Realisierung von Plänen, ist Einzelarbeit besser. Verteilen Sie die Aufgaben: Jeder macht das, was er am besten kann oder am liebsten tut. Betrauen Sie auch Ihre Kinder mit Aufträgen. Die Idee mit dem Eigenheim ist nicht auf ihrem Mist gewachsen, sie müssen sich ihre neue Heimat oft mühsamer aneignen als Sie: »Das hab ich gemacht« hilft ihnen.

Einzeln arbeiten Der Denker der Familie kümmert sich um Geld und Verträge, der Macher um Baustoffe und Handwerker. Der Grobmotoriker hämmert die Parkett-Elemente ineinander, der Geduldigere klopft mit klitzekleinen Nägelchen die Fußleisten an. Es unterstützt den Familienfrieden, wenn jeder arbeiten darf, wie er es für richtig hält. Sich Kommentare zu verkneifen kann man üben: Schlüpfe in die Mokassins deines Feindes, sagen die Indianer. Wenn es mal klemmt, bespricht man sich natürlich; grundsätzlich aber sollte man darauf vertrauen, dass jeder seine Aufgabe im Griff hat. So funktioniert Team-Arbeit ideal: gemeinsam überlegen, allein arbeiten, gemeinsam das Ergebnis begutachten. So theoretisch, so schön – was tun mit einem Partner, dem diese Arbeitsweise nicht liegt? Weil er ein geborener Einzelkämpfer ist und/oder alles besser weiß? Psychologen raten: miteinander reden. »Gespräche sind nie sinnlos«, sagt der Psychotherapeut David Wilchfort, »aber man kann sie falsch anpacken«.

Miteinander reden Erster Fehler: spontane Diskussionen, weil einer den anderen überfällt und zum Gespräch zwingt. Zweiter Fehler: Open-End-Diskussionen, weil man vom Hundertsten ins Tausendste kommt. Dritter Fehler: Vorwürfe, weil der Partner sonst seine ganze Energie zur Verteidigung braucht. Geht Ihre Liebste/Ihr Liebster Ihnen mit seinen Alleingängen auf den Wecker: Gesprächstermin auf neutralem Terrain vereinbaren, Gesprächszeit begrenzen, Anliegen formulieren. Wichtig: Beginnen Sie keinen Ihrer Sätze mit »Du machst ...«, sondern sagen Sie ganz klar, was Sie wollen: »Ich wünsche mir ...«. Sind die Kompetenzbereiche klar vereinbart, dürfte nichts mehr schief gehen: Weit gefehlt! Dann wird oft um die Finan-

... tief durchatmen und bis zehn zählen – so verringern sich Stress und die Gefahr, dass man den Falschen anschreit.

Durchsetzen oder nachgeben?

Ein Paar: Zwei mit unterschiedlichen Ansichten, Gewohnheiten und Einstellungen. Konflikte sind normal. Ärgern Sie Unordnung auf der Baustelle oder unpünktliche Fahrdienste, muss der Übeltäter sich bessern. Geschmacksfragen erfordern Kompromisse: Du wählst das Parkett, ich die Tapeten. Geht es um Lebensziele wie Wohnort, Karriere oder Kinder: Wer sie dem Beziehungsfrieden zuliebe aufgibt, bereut es später.

tipp

Ortswechsel: Wie Kinder sich drauf freuen

Neue Schule, neue Freunde, überhaupt alles anders: Eltern berichten, wie man Umzugschaos ordnet in Kinderseelen und Jugendzimmern.

Wer kriegt das schönste Zimmer?

❶ Stella mag Sonnenuntergänge, Mia ist Morgenmensch – sie suchten ihre Zimmer nach der Himmelsrichtung aus.

❷ Maya wohnt im Balkonzimmer, Celina bekam als Ersatz eine Sitzhängematte vors Fenster.

❸ Roman und Julian bezogen exakt gleiche Räume von je 20 Quadratmeter Größe.

❶ Umzug über die Straße, Stolz auf das eigene Zuhause

Jonas fehlte die Zeit, sich aufs Foto zu stellen: Der 14-jährige Bruder von Stella (11) und Mia (8) half lieber den Handwerkern. Als die Eltern ihre Baupläne eröffneten, wurde den Kindern erstmals bewusst: Das Haus, in dem wir jetzt wohnen, gehört uns gar nicht – und fanden es plötzlich doof. Täglich kontrollierten sie stolz den Baufortschritt ihres Hauses auf dem Grundstück gegenüber und diskutierten mit Mama, Papa und Architekt über Fenster, Wandfarben und einen beidseitig begehbaren Kleiderschrank zwischen den Mädchenzimmern. »Die Kinder in die Baupläne einbeziehen«, rät Vater Martin, »aber erst mit den Vorentwürfen – sonst fantasieren die Kids ins Blaue.« Klarheit ins Umzugschaos brachten früh ausgeteilte Kisten mit Farbsymbolen für jedes Kind. »So kann jeder in seinem Tempo Abschied nehmen«, sagt der Bauherr.

❷ Alte Kontakte behalten, neue Freunde gewinnen

Maya kam in die Schule, Celina in den Kindergarten: Lebensschritte, die ohnehin neue Freunde bringen. Familie Wimmer plante exakt zu diesem Wechsel den Einzug ins neue Haus am 50 Kilometer entfernten Chiemsee. Strand und Berge, und die geliebten Großeltern im Nachbarort: Celina (6) und Maya (8) fühlten sich sofort wohl in der Urlaubsregion, die sie schon von Ausflügen kannten. Vermissen sie ihre alten Freunde, dürfen sie telefonieren, viele kommen zu Besuch.

❸ Schwerer Abschied, überraschende Umstellung

Zwischen altem und neuem Zuhause von Familie Sepp liegen 40 Kilometer, Roman (9) und Julian (7) verließen unwillig ihre Freunde. Ein Garten zum Toben mit Fußballtor lockte mäßig. Mama meldete ihre Söhne in Musikschule und Sportverein an, schob Kontakte zu Kameraden an. Womit sie ihren Sensibelchen aber das neue Haus echt schmackhaft machte: In der Nähe liegt ein McDonalds, die Buben dürfen alleine hinradeln – das war in der Großstadt unmöglich. Jetzt treffen die zwei unterwegs ja so viele Freunde …

zen gerangelt. »Wenn Sie einen schnellen Einblick bekommen wollen, wie eine Beziehung funktioniert«, empfiehlt der amerikanische Psychotherapeut Dr. Theodore Rubin, »dann fragen Sie nach der Rolle, die darin Geld spielt.«

Streit ums Geld

Wer seine Liebe teilt, teilt auch Haus und Geld, manche Paare nach untauglichem Modell. Mit »getrennter Kasse« vermeidet man Abhängigkeit: Ich sorge für mich selbst und schulde dir nichts. Ein gutes Modell? Leider nein: Es schafft wenig Raum für Geborgenheit und Nähe, aber viel Gelegenheit zum Machtkampf. Der Typ »leere Kasse« schweißt Paare zusammen – durch Dauerstreit: Miese auf dem Konto bannen die Angst vor Trennung. »Verantwortlichere Seelen«, erklärt der Psychologe Oskar Holzberg in der Frauenzeitschrift »Brigitte«, »erreichen den gleichen Effekt mit Häuslebauen. Die gemeinsame Unterschrift unter dem Kreditvertrag hält sie zusammen.« Bestreitet die Familie alle Ausgaben aus »seiner« Kasse, heißt das oft: Er trägt die Verantwortung, die sie scheut. Das klappt auf Dauer nur, wenn das beide wissen und die Rollenverteilung nie in Frage stellen. Geht der Hausbau allein aus »ihrer« Kasse, nagt das herb am Selbstbewusstsein des Mannes. Hinter jedem Streit um den Kauf von ein paar Nägeln steht die Botschaft: »Wer zahlt, schafft an – das bist nicht du.«

Gemeinsame Kasse Sie gilt als Idealmodell, solange die Beziehung im Gleichgewicht ist. Summen von mehreren hunderttausend Euro bewegt man so problemlos. Aber wehe, einer der Partner fühlt sich vernachlässigt oder gekränkt: Urplötzlich entzündet sich Krach an 10 Euro Trinkgeld für den Installateur. Geldprobleme löst man elegant auf dem Gefühlskonto. Bevor Sie verzweifeln über Geiz oder Verschwendungssucht Ihres Partners: Nehmen Sie ihn einfach mal fest in den Arm.

▶ Erfahrungsaustausch: **Wie andere Bauherren Freud und Leid mit ihrer Familie teilen, lesen Sie unter** www.haus.de/bauforum

Ist unsere Beziehung in Gefahr?

Hausbau ist schön und stressig – gehen Paare zu sehr darin auf, schlittert die Liebe schnell in die Krise. Ihre auch? Der Test zeigt, wie es um Ihre Partnerschaft steht. Jeder kreuzt für sich an, was zutrifft. Die Auswertung sollten Sie gemeinsam lesen.

1. *Dem Bau widme ich pro Woche 25 Std.*
   ❍ ja ❍ nein
2. *Wir waren in den letzten 4 Wochen in keinem Lokal.*
   ❍ ja ❍ nein
3. *Wenn ich mich nicht um alles kümmere, passiert hier wenig.*
   ❍ ja ❍ nein
4. *Ein Abend nur für uns – den gab es schon lange nicht mehr.*
   ❍ ja ❍ nein
5. *Abends falle ich todmüde ins Bett.*
   ❍ ja ❍ nein
6. *Es ärgert mich, wenn er/sie nicht mitkommt, um Sachen fürs Haus zu kaufen.*
   ❍ ja ❍ nein
7. *Was er/sie heute anhat? Keine Ahnung ...*
   ❍ ja ❍ nein
8. *Er/sie hat das Bauen erfunden.*
   ❍ ja ❍ nein
9. *Im Bett grüble ich oft über morgen.*
   ❍ ja ❍ nein
10. *Er/sie ist mir vor Handwerkern in den Rücken gefallen.*
   ❍ ja ❍ nein

8 bis 10 x ja: Rote Karte!
Bauherr/in mit Leib und Seele. Bald ist Ihr Haus fertig, Ihre Ehe kaputt. Gönnen Sie einen Abend wöchentlich ausschließlich dem Menschen an Ihrer Seite!

5 bis 7 x ja: Gelbe Karte!
Bauherr/in mit Engagement und etwas zu wenig Zeit für die Liebe. Geben Sie ihr mehr Raum, lassen Sie spontan die Baustelle mal Baustelle sein.

1 bis 4 x ja: Grünes Licht!
Bauherr/in mit kühlem Kopf und warmem Herz. Sie wissen, warum Sie ein Haus bauen: Sie wollen darin alt werden – mit Ihrer Liebe.

test

So stimmen wir die Nachbarn freundlich

Gut Wetter machen vor, während und nach der Bauzeit

Wem gehört der Zaun? Üblicherweise betrachtet man die Sache von der Straße aus: Jeder friedet seine rechte Grundstücksseite ein – und kümmert sich um Reparaturen und die regelmäßige Erneuerung des Anstrichs.

Die Wiener Universität für Bodenkultur untersuchte im Auftrag der österreichischen Wohnbaugesellschaft »Neue Heimat« die Gründe für Unfrieden in Siedlungen. Eines der Ergebnisse: Während Familien ins Grüne ziehen, um den Kindern Spielraum zu gewähren, suchen kinderlose Paare dort Ruhe und Erholung. Die »Neue Heimat« möchte in Zukunft die Lebenssituationen ihrer Mieter stärker ausloten und Gleichgesinnte zu einer funktionierenden Hausgemeinschaft zusammenführen. Was Sie davon haben? Einen guten Rat: Wenn Sie zwei Bauplätze zur Wahl haben, bauen Sie in die Nachbarschaft, die besser zu Ihnen passt. In einer Baulücke zwischen betagten Hauseigentümern werden Sie sich als quirliges Quartett mit Hund weniger entfalten können als in einem Neubaugebiet, in dem lauter junge Familien nach ihren Bedürfnissen leben. Umgekehrt sollten sich Bauherren in den besten Jahren nach Möglichkeit ein Umfeld suchen, in dem Menschen gleichen Alters und ähnlicher Lebenssituation leben. Manchmal gibt es nichts auszusuchen – man baut, wo man es sich leisten kann. Zum Trost: Es lässt sich auch mit Menschen gut auskommen, die ganz anders leben als man selbst. Gute Nachbarschaft bedeutet nicht zwangsläufig enge Freundschaft. Es genügt, einander zu schätzen und zu tolerieren. Psychologen sind überzeugt: Die ersten sieben Sekunden einer Begegnung entscheiden über Sympathie oder Ablehnung. Es gibt soziale Tricks, bei den neuen Nachbarn einen guten ersten Eindruck zu hinterlassen.

Kontaktaufnahme

Natürlich wäre es eine nette Geste Ihrer Grundstücksnachbarn, auf Sie als Neue zuzukommen und Ihnen zu signalisieren: Sie sind uns willkommen. Warten Sie jedoch nicht darauf – Sie müssen sowieso den ersten Schritt tun, um die Unterschrift der Nachbarn für Ihr Baugesuch einzuholen. In Bundesländern mit vereinfachtem Genehmigungsverfahren könnten Sie unterschriftslos mit dem Bau beginnen, das wäre allerdings recht ungeschickt: Ihre zukünftigen Nachbarn wissen vor lauter Kommen und Gehen auf der Baustelle nicht, wer eigentlich der Bauherr ist und demnächst neben ihnen wohnt. Über anonyme Verursacher von Baulärm, Dreck und Parkplatznot ärgert man sich rasch. Einem bekannten Gesicht sieht man Unannehmlichkeiten eher nach. Stellen Sie sich also auf jeden Fall vor – am besten, bevor Bagger und Kran anrücken.

Kurzbesuch Äugen Sie ein wenig über den Zaun: Werkeln Ihre Nachbarn gerade in ihrem Garten, ist das eine gute Gelegenheit, sie anzusprechen. Sonst klingeln Sie beherzt an der Tür. Es genügt, Ihren Namen zu sagen und die Personen zu nennen, die mit Ihnen unter dasselbe Dach ziehen werden. Sie beugen Vermutungen und Gerüchten vor, wenn Sie darüber hinaus kurz schildern, wo Sie jetzt wohnen, was Sie im Leben so tun und wie lange die Bauarbeiten in etwa dauern werden. Bitten Sie Ihre Nachbarn auch, gelegentliche Ruhestörungen zu entschuldigen und sich sofort an Sie zu wenden, falls es Grund zur Beschwerde gibt.

Rhetorik-Knigge Während der Bauzeit werden Sie Ihren Nachbarn immer wieder begegnen. Nehmen Sie sich stets Zeit für einen Mini-Plausch, auch wenn Sie sehr in Eile sind. Vermeiden Sie Fettnäpfchen-Themen – der Dramatiker George Bernhard Shaw riet: »Wenn Sie die Konversation mit Ihrer Tischdame vermeiden wollen, fragen Sie eine unverheiratete Dame, wie viele Kinder sie hat. Und eine verheiratete, warum sie keine hat.« Versuchen Sie also nicht, Ihrem Gegenüber ganz Persönliches zu entlocken, geben Sie Ihrerseits keine intimen Details über Ihr Leben preis. Umschiffen Sie auch Gespräche über Politik, Geld und Sex. Fernsehen und Zeitschriften gaukeln zwar vor, über diese Themen solle man heutzutage offen reden. Sie meinen: mit Ihrem Partner, nicht mit Fremden – viele Menschen empfinden es als unangenehm. Unverfängliche sind Gesprächs-Klassiker wie Wetter und Urlaub, Haus und Garten, Einkaufstipps, Kochrezepte und Fußball.

Abstand Beobachten Sie in Ihrem neuen Umfeld, wie die anderen miteinander umgehen und wer mit wem redet. Lassen Sie sich nicht zwangsverbrüdern mit oder gegen bestimmte Nachbarn. Wählen Sie Ihre Allianzen selbst – wenn Sie erst eingezogen sind. Die Takt- und Stilberaterin Elisabeth Bonneau empfiehlt: »Je näher man sich auf der Pelle hockt, desto mehr tut Abstand in der Kommunikation gut.« Auch wenn Sie einander auf Anhieb sympathisch sind: Achten Sie auf die Form, sonst kommen Sie schnell ins Gerede. In Frankreich sei es üblich, sagt Elisabeth Bonneau, im Morgenmantel den Müllsack auf die Straße zu tragen: »Bei uns ist der Auftritt im Unterhemd spätestens seit den Zeiten des Fernseh-Ekels ›Alfred‹ tabu, und die waren in den siebziger Jahren.«

Konflikte entschärfen

Ihr Nachbar parkt vor Ihrer Einfahrt, sein Hund kläfft Ihren Gehörgang wund, durch die Hecke dringt Abend für Abend Grillqualm: Klar, dass Sie das nervt. Nehmen Sie grundsätzlich an, dass Ihr Nachbar Sie nicht absichtlich ärgern will. Vielleicht

Repräsentative Umfrage des inra-Instituts im Auftrag von »Das Haus«

Umfrage: So steht es um die Nachbarschaft

Ich komme gut mit meinen Nachbarn aus.	89 %
Ich lege Wert auf ein gutes Verhältnis zu meinen Nachbarn.	86 %
Wo Menschen zusammenleben, gibt es immer Probleme.	80 %
In unserer Nachbarschaft hilft man sich gegenseitig.	78 %
Richter sollten streitende Nachbarn wieder nach Hause schicken.	77 %
Mich würde es stören, wenn mein Nachbar neugierig ist.	71 %
Es ist schade, dass heute gute Nachbarschaft nichts mehr zählt.	70 %
Ich bin mit einem oder einigen Nachbarn befreundet.	65 %
Ich habe Angst vor Hunden und mag sie nicht nebenan haben.	63 %
Gerade der Garten ist ein empfindliches Thema.	44 %
Man sollte Abstand zu den Nachbarn halten, dann gibt's weniger Streit.	26 %
Ich kann Leute verstehen, die gegen ihre Nachbarn prozessieren.	25 %
Ich hatte schon einmal Probleme/Streit mit einem Nachbarn.	21 %
Die meisten Probleme gibt es bei uns im Sommer, wenn gegrillt wird.	14 %
In meinem Haus, in meiner Nachbarschaft ist es oft laut, das nervt mich.	13 %

Auch wenn das Gras gerade schön trocken zum Schneiden ist: In den Ruhezeiten darf niemand mit dem Rasenmäher knattern.

ahnt er gar nicht, wie sein Verhalten bei Ihnen ankommt. Sagen Sie es ihm einfach. Falls Sie schon kochen vor Wut: Warten Sie ab, bis Sie wieder friedlich sind, eventuell ist Ihre Stimmung am nächsten Tag sachlicher. Bleiben Sie immer höflich oder werden Sie humorig, wenn Ihnen das liegt.

Erst reden, dann schreiben Fragen Sie den Nachbarn nach Möglichkeiten, die Quelle des Ärgers versiegen zu lassen. Kündigen Sie Ihrerseits voraussichtliche Störungen an: Wird Ihre Tochter 18, haut sie mit ihrer Clique sehr wahrscheinlich auf den Putz – überlassen Sie ihr die Terrasse und laden Sie die Nachbarn an diesem Abend in die nächste Gaststätte ein. Oder versprechen Sie zumindest, dass nach der Feier für dieses Jahr Ruhe ist. Strapazieren Sie Ihren Nachbarn nicht mit Maximalforderungen und zeigen Sie sich bereit zu Kompromissen – informieren Sie ihn beispielsweise, wann Sie in der Arbeit sind. Währenddessen »dürfen« seine Kinder im Garten kreischen, bis sie heiser sind. Ab 19 Uhr geht es dann um Ihr Wohl: Sie möchten in Ruhe Ihr Glas Wein auf der Terrasse genießen, die Kinder werden zur Rücksicht ermahnt. Manchmal beißt man mit seinem guten Willen auf Granit, der Nachbar stört stur. Der Weg zum Rechtsanwalt steht Ihnen offen; meist verursacht er keine Änderung, nur Kosten. Der Störenfried wird sich unterlegen fühlen und Sie ganz genau beobachten, bis Sie sich eine Kleinigkeit zu Schulden kommen lassen. Liegt das Recht tatsächlich eindeutig auf Ihrer Seite: Versuchen Sie, Ihren Nachbarn freundlich zu ignorieren. Pflanzen Sie eine Hecke um Ihr Grundstück und lassen Sie ihn seines Weges ziehen.

Wann die streitenden Parteien zum Schlichter müssen

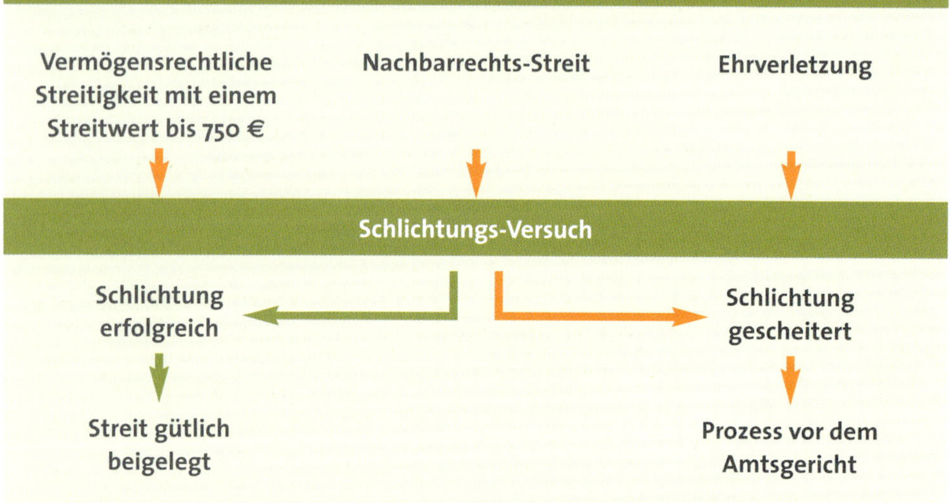

Schlichtungsgesetze haben bisher folgende Bundesländer: Bayern, Baden-Württemberg, Brandenburg, Hessen, Nordrhein-Westfalen, Saarland, Sachsen-Anhalt, Schleswig Holstein. Voraussetzung für ein Schlichtungsverfahren ist auch, dass die Kontrahenten beide im gleichen Landgerichtsbezirk wohnen. Wenn die Schlichtung scheitert, können Sie immer noch vor Gericht gehen.

Schlichten ohne Richter

Konflikte kann man Kosten sparend lösen: Wenden Sie sich an eine Schiedsstelle. Also nicht gleich vor Gericht ziehen, wenn der Nachbar oder ein Handwerker Ihnen quer kommt. In manchen Bundesländern dürfen nachbar- und vermögensrechtliche Streitigkeiten und Ehrverletzungen sowieso nur vor den Richter nach einem Schlichtungsversuch vor einem Schiedsmann, Anwalt oder Notar – den Ablauf des Verfahrens zeigt die Grafik links. Vermögensrechtliche Streitigkeiten landen vor einem Schlichter, sofern der Streitwert unter 750 Euro liegt und die Kontrahenten im selben Landgerichtsbezirk wohnen. Das Schlichtungsverfahren scheidet aus, wenn Sie einen Mahnbescheid verschicken; dann geht der Fall direkt vors Gericht. So vertun Sie allerdings eine Chance, denn häufig legt die Schlichtung den Rechtsstreit eher bei, da es keine Gewinner und Verlierer gibt. Schlichten ist preiswerter als richten: In Bayern kostet ein Schlichtungsverfahren mit Gespräch 100 Euro, ohne 50 Euro, jeweils plus 20 Euro Porto- und Telefongebühren.

Schiedsstelle Auch wenn eine Schlichtung nicht vorgeschrieben ist: Erklärt sich Ihr Kontrahent einverstanden, tragen Sie den Streit vor einem Rechtsanwalt, Notar oder einer Schlichtungsstelle aus. Adressen und Informationen nennen die örtliche Industrie- und Handelskammer, die Handwerkskammer und die Innung.

Das ist doch wohl unser gutes Recht! Wirklich?

Auch im eigenen Haus mit Garten ist die Freiheit keineswegs grenzenlos. Was man darf, wo es Einschränkungen gibt – da liegt man manchmal daneben. Nachbarschaft: Testen Sie Ihr Wissen.

1. *Im Freien Koteletts grillen: Das dürfen wir jederzeit.*
   ❍ ja ❍ nein
2. *Auf dem Land ist ein Hund ja wohl selbstverständlich. Schließlich muss er auf uns und unser Grundstück aufpassen – da darf er auch nach Herzenslust bellen.*
   ❍ ja ❍ nein
3. *Den Garten können wir ganz nach unseren Vorstellungen gestalten.*
   ❍ ja ❍ nein
4. *Den Rasen mähen wir, wenn wir Lust dazu haben. Außer, das Wetter macht uns einen Strich durch die Rechnung.*
   ❍ ja ❍ nein
5. *Obst, das über unseren Zaun hängt, müssen wir hängen lassen. Nur was auf unser Grundstück fällt, gehört uns.*
   ❍ ja ❍ nein
6. *Wenn ein Haufen Laub von Nachbars Birke oder Eiche unseren Garten verunziert, können wir darauf drängen, dass er die Dreckschleuder vor dem nächsten Herbst fällt.*
   ❍ ja ❍ nein
7. *Nachbars Zweige verschatten unser Gemüsebeet – wir dürfen sie absägen.*
   ❍ ja ❍ nein
8. *Notfalls klärt ein Richter endgültig, wer im Recht ist.*
   ❍ ja ❍ nein

Auswertung:

1. **Ja. Aber nur, wenn Gerüche nicht in Nachbars Wohn- und Schlafräume dringen. (OLG Düsseldorf, 5 Ss Owi 149/95)**
2. **Nein. Zwischen 22 und 7 Uhr und 13 und 15 Uhr muss er die Schnauze halten. (LG Mainz, 6 S 87/94)**
3. **Ja. Beachten Sie jedoch vorgeschriebene Pflanzabstände zur Straße und zum Nachbarn – sie sind in jedem Bundesland anders. Mancherorts gibt es Bestimmungen der Gemeinde, auch über maximale Höhen von Baum und Strauch.**
4. **Nein. Die Gemeinde legt Ruhezeiten fest.**
5. **Ja. Wer Früchte herunterschüttelt, muss sie wieder hergeben.**
6. **Nein. Die Gerichte werten Laubfall meist als unwesentliche Beeinträchtigung. Das gilt auch für Blütenfall oder Flug von Unkrautsamen aus einem naturnahen Öko-Garten.**
7. **Ja. Sie müssen dem Eigentümer aber zunächst eine Frist setzen zur Beseitigung. Erst wenn sie abgelaufen ist, dürfen Sie zur Astschere greifen oder seine Hecke stutzen.**
8. **Jein. Ein Nachbarstreit vor Gericht lohnt kaum: Der Nachbar bleibt, auch die Konfliktsituation. Nach einem Prozess schwindet der Wille zur Freundschaft. Versuchen Sie eine gütliche Einigung.**

test

So feiern wir ein schönes Richtfest

Was Brauch ist und wie das Fest perfekt gelingt

Mit dem Richtspruch lobt der Zimmermann die Arbeit der Handwerker und erbittet Gottes Segen für das Haus.

Seit jeher ist die Fertigstellung des Rohbaus Anlass für das Richtfest, in manchen Gegenden heißt es auch Hebfeier, Aufschlagfest oder Weihefest. Nach altem Brauch schmücken die Zimmerleute ein Bäumchen oder einen Kranz mit bunten Bändern und Blüten (und stellen ihn dem Bauherrn in Rechnung). Kranz, Krone oder Richtbaum symbolisieren den Stolz des Bauherrn auf seine Handwerker – und deren Stolz auf ihre solide Arbeit. Mit dem Richtfest bedanken Sie sich bei den Handwerkern für das glückliche Gelingen des Bauwerks und die Handwerker danken Gott, der ihre Arbeit während der Bauarbeit geschützt und Gefahren vom Haus abgewendet hat.

Wer lädt ein? Sie als Bauherr laden die Gäste ein. Scheuen Sie die Richtfeier nicht, auch wenn sie – Ihren finanziellen Verhältnissen angepasst – leicht 500 oder 1000 Euro kostet. Für eine geizige Bauherrenschaft machen Handwerker nur »Dienst nach Vorschrift« ohne Gefälligkeiten, und an ein gelungenes Richtfest erinnern sich Behördenmitarbeiter später gern, wenn Sie anbauen möchten.

Wen lädt man ein? Natürlich darf keiner fehlen, der auf der Baustelle mitgeholfen hat – und auch niemand, auf dessen Einsatz man nach der Richtfeier für die Fertigstellung angewiesen ist. Also nicht nur Maurer und Zimmerer einladen, sondern auch Dachdecker und Installateur, Bodenleger und Schreiner. Darüber hinaus schadet es überhaupt nicht, Mitarbeiter der Gemeindeverwaltung und des Bauamts einzuladen und den Bürgermeister – soweit diese Menschen Ihr Bauvorhaben unterstützt haben. Sollte das nicht immer der Fall gewesen sein, gibt das Fest Gelegenheit zum Frieden. Vergessen Sie auf der Einladungsliste nicht Architekt, Notar und Ihre Kreditgeber. Zu diesem Kreis gesellen Sie alte und neue Nachbarn, Freunde, Verwandte und vielleicht den Pfarrer.

Wer macht was? Der Bauherr begrüßt seine Gäste, dann ziehen die Zimmerleute Richtkranz, Krone oder Bäumchen aufs Dach und befestigen das geschmückte Grün auf dem First. Sie bitten den Bauherrn oder die Bauherrin, den letzten Nagel einzuschlagen – also klettert er/sie aufs

Dach und und versucht sein/ihr Glück. Landet der Nagel krumm im Gebälk, muss man Schmähreden hinnehmen und später eine Extrarunde ausgeben. Bitte um Gottes Segen Der Zimmermeister oder einer seiner Gesellen hält den Richtspruch – er ist dem Sinn nach ein Gebet um Gottes Segen. Der Redner erhebt sein Glas, prostet den unten Stehenden zu und schleudert sein Glas zu Boden oder gegen die Giebelwand – das soll Glück bringen. Manche Zimmerleute singen danach noch ein Lied, vielleicht möchten Sie selbst ein besonderes, symbolisches Musikstück abspielen – stöpseln Sie rechtzeitig Ihren alten Kassettenrecorder oder den CD-Player ein. Vielleicht haben Sie Freunde oder Vereinskameraden, die Musik machen: Jetzt wäre die Gelegenheit für einen ordentlichen Tusch. Ist der letzte Ton verklungen, bitten Sie den Pfarrer um ein paar Worte. Dann laden Sie ausdrücklich ein zum Schmaus, versorgen alle Gäste mit Essen und Getränken und halten eine kleine Rede. Geben Sie einen Rückblick auf die bisherige Geschichte Ihrer Baustelle und verteilen Sie Dank an alle, die Ihr Abenteuer Hausbau begleitet haben. Haben Sie sich über jemanden geärgert, verschweigen Sie es an dieser Stelle oder verpacken Sie Ihren Tadel in humorvolle Worte. Sonst gibt es neue Missklänge, die nichts bringen und die Feier stören. Vermutlich werden auch Architekt und Bauleiter eine kleine Rede halten – oder Ihre Eltern.
Wo wird gefeiert? Normalerweise feiert man vor dem Rohbau, denn der Zimmermann trägt seinen Richtspruch grundsätzlich vom frischen Dachstuhl aus vor. Ist es knackekalt oder regnet es in Strömen, zieht man danach um ins Haus: am Vortag Planen vor Fenster- und Türöffnungen hängen, damit es nicht zieht. Am Morgen der Feier das Heizgebläse einschalten und Biertische aufstellen. Niemand erwartet Tafelsilber und Damasttücher; Papiertischdecken und ein paar Kerzen genügen. Wem das zu unwirtlich erscheint, der reserviert Tische in einem nahe gelegenen Gasthaus.

▶ **Vorausplanen: Die Rohbauzimmer nochmal ausmessen, in Gedanken Möbel platzieren. Einrichtungstipps unter www.haus.de/wohnen**

Richtfest: Countdown für gutes Gelingen

Das Richtfest ist eine Feier ohne Schlips und Kragen – aufwendige Vorbereitungen müssen nicht sein. Ein kurzer Check erleichtert die Übersicht, ob man an alles gedacht hat: Haken Sie Erledigtes ab.

- *Termin festgelegt* ❍
- *Alle Handwerker eingeladen – auch die Helfer, die erst später auf der Baustelle arbeiten* ❍
- *Architekt, Bauleiter, Mitarbeiter des Bauamts, Bürgermeister und Pfarrer informiert* ❍
- *Kreditgeber, Nachbarn, Freunde, Verwandte und Eltern eingeladen* ❍
- *Biertische und Bänke organisiert* ❍
- *Musikgruppe bestellt oder CD-Player und genügend CDs besorgt* ❍
- *Papiertischdecken, Servietten, Gläser, Teller und Kerzen besorgt* ❍
- *Bier, Sekt, Limo, Wasser und Schnaps gekauft* ❍
- *Wurst-/Käseplatten, Leberkäse, Würstchen oder Braten beim Metzger bestellt* ❍
- *Gefahrenstellen auf der Baustelle entschärft* ❍
- *Brot bestellt* ❍
- *Heizlüfter, Planen und Lampen aufgetrieben* ❍
- *Besteck, Mülltüten und Toilettenpapier vorhanden* ❍
- *Kannen für den Abschlusskaffee ausgeliehen oder Kaffeemaschine eingepackt* ❍
- *An Kaffeetassen und Zucker, Süßstoff, Milch und Löffel zum Umrühren gedacht* ❍
- *Ein paar Fotos vom Bauablauf zusammengestellt* ❍
- *Kissen für die Bänke bereitgelegt* ❍

check

So überstehen wir auch den Endspurt

Umzug organisieren: Wann es was zu erledigen gibt

Einzug ins neue Haus: Ein perfekter Drei-Monats-Plan schont die Nerven, eine Transportkarre den Rücken – Möbel und Kisten lassen sich auch über holprige Gartenwege und Treppen gleich ins richtige Zimmer rollen.

Listen Sie Ihre Freunde auf, und haken Sie Sprüchemacher und Bandscheibengeschädigte ab. Für einen Umzug im Do-it-yourself-Verfahren brauchen Sie zuverlässige, kräftige Träger. Einer von ihnen sollte technisch versiert sein: Er zerlegt Schränke, klemmt Leuchten ab, nummeriert Computerkabel sowie ihre Anschlussbuchsen. Schätzen Sie auch Ihre eigenen Körperkräfte realistisch ein: Ein voller Umzugskarton wiegt zwischen 25 und 30 Kilo. Menschen mit normaler Sammelwut benötigen 10 bis 20 Kisten pro Zimmer, Handwerker und Freiberufler mehr. Dazu schleppt man Möbel und Elektrogeräte.

Spediteur suchen Bleiben nach dem Check zu wenige Helfer für den Umzug übrig, sollten Sie sich lieber nach einem preisgünstigen Spediteur umsehen. Nutzen Sie Erfahrungen, hören Sie sich im Freundes- und Kollegenkreis um oder unter den Nachbarn in Ihrem Neubaugebiet: Wer war mit seinem Umzugsunternehmen zufrieden? Auch wenn Profis die schwere Last tragen: Planen müssen Sie. Ein Angebotsvergleich lohnt sich. Stiftung Warentest deckte auf: Spediteure bewegen dieselbe Zwei-Zimmer-Testwohnung innerhalb der Stadt zu Preisen von 800 bis 2 200 Euro.

Preise vergleichen Natürlich möchten Sie Ihr Haus erst beziehen, wenn es fertig ist. Es kann sich aber lohnen, den Umzug einen oder zwei Monate vorzuziehen oder zu verschieben: Im Januar und Februar, April und November klagen Speditionen über Flaute und bieten ihre Dienste billiger an. Für Umzüge unter 100 Kilometer gibt es »Tagesfestpreise« – lassen Sie sich erklären, welche Leistungen die Pauschale enthält. Vereinbaren Sie schriftlich die Stundensätze für LKW, Fahrer und Träger. Halten Sie auch fest, wie viel Mann kommen und wie lange sie packen und fahren. Dann ist der Spediteur an den Stundensatz gebunden, die Einsatzzeit von Fahrzeug und Leuten darf er um höchstens 20 Prozent überschreiten. Vorsicht, wenn mehr Helfer auftauchen als bestellt (»damit es schneller geht«) – sie kosten extra. Im Fernbereich über 100 Kilometer geht der Umzug nicht nach Stunden, sondern nach Entfernung und Möbelwagenmeter. Jeder Spediteur darf seine Preise frei gestalten, einige geben Rabatt für Umzüge in der Wochen- oder Monatsmitte. Bezahlt wird meist in bar, noch am Umzugstag. Per Gesetz versichert der Umzugsunternehmer Ihre Möbel pro Kubikmeter. Er haftet allerdings nicht für selbst gepackte Kartons und Pflanzen. Fristen für die Schadensmeldung: unbedingt schriftlich und höchstens ein Werktag nach dem Umzug für offensichtliche Schäden, 14 Tage für verdeckte. Für den Umzug am Freitag reicht die Reklamation am Montag. Ist Ihre Spedition Mitglied der Arbeitsgemeinschaft Möbeltransport, schlichtet die AMÖ Streit.

3 Monate vorher

Wenn Sie den Umzug selber organisieren und durchführen: Kisten kann man nie genug haben. Sammeln, leihen oder kaufen Sie rechtzeitig genügend Pappkartons. Neue Umzugskartons in der Standardgröße 63 x 33 x 33 Zentimeter kosten um die 3 Euro beim Spediteur, im Baumarkt oder bei Ikea. Gebrauchte gibt es schon für 1 Euro das Stück. Heben Sie ab jetzt auch Tageszeitungen auf, die benötigen Sie als Polster für Gläser und Geschirr. Misten Sie rigoros Keller, Speicher und Wohnräume aus und sichten Sie den Inhalt der Tiefkühltruhe. Sie frostet zwar 24 bis 36 Stunden lang ohne Strom – aber was gegessen ist, muss keiner mehr schleppen. Beantragen Sie in Ihrer Firma Umzugsurlaub und kündigen Sie alle gemieteten Objekte: Wohnung oder Haus, Werkstatt oder Büro.

Renovierung organisieren Verhandeln Sie mit Handwerkern über Renovierungsarbeiten – möglicherweise gibt Ihnen der Maler Ihres Eigenheims Mengenrabatt wegen des Großauftrags. Es ist nicht empfehlenswert, selbst den Pinsel zu schwingen. Sie werden wenig Lust verspüren, dem Vermieter noch seine Bude zu verschönern, und er bemäkelt Ihre Laien-Arbeit. Investieren Sie Ihr Herzblut lieber in das eigene Haus. Steht das in einer anderen Stadt oder einem anderen Landkreis: Melden Sie Ihre Kinder von Kindergarten und Schule ab, kündigen Sie Mitgliedschaften in Vereinen. Wünschen Sie sich für Ihr neues Haus frische Möbel: Jetzt haben Sie noch genügend Ruhe, sie auszusuchen und zu bestellen.

Wissen alle Ihre neue Adresse? Wer?

Abo für Theater, Konzerte, Fitnessclub	❍	Haftpflicht-Versicherung	❍
Abo für Zeitungen und Zeitschriften	❍	Hausrat-Versicherung	❍
alte Nachbarn	❍	Kabelfernsehen und Pay-TV	❍
Arbeitgeber	❍	Kindergarten und Schule	❍
Automobilclub	❍	Kindergeldstelle	❍
BaföG-Stelle	❍	Kranken-Versicherung	❍
Bank	❍	Kreiswehrersatzamt	❍
BfA oder LVA	❍	Lebensversicherung	❍
Finanzamt	❍	Post	❍
Freunde	❍	Steuerberater	❍
Geschäftspartner	❍	Strom-, Gas-, Wasserwerke	❍
GEZ	❍	Tierhaftpflicht-Versicherung	❍
		Unfall-Versicherung	❍
		Verwandte	❍

1 Monat vorher

Teilen Sie dem Hausmeister mit, wann Sie umziehen, und reservieren Sie über das Amt für öffentliche Ordnung Parkplätze vor dem Haus. Vergeben Sie an die Spedition Ihrer Wahl einen verbindlichen Auftrag oder ordern Sie einen Miet-LKW. Entrümpeln Sie weiterhin Keller, Speicher und Schränke. Packen Sie keine Kisten, die Sie irgendwann mal auf den Flohmarkt bringen möchten – dazu haben Sie jetzt keine Zeit, der Krempel wird Ihren neuen Keller füllen. Fahren Sie das Zeug eiskalt sofort zum Wertstoffhof! Klären Sie mit Ihrem Vermieter Wohnungsübergabe und Nebenkosten-Abrechnung. Das Gespräch lässt Sie seine Stimmung ahnen: Ist sie kühl, treten Sie rasch dem Mieterschutzverein bei. Der Jahresbeitrag kostet 50 Euro und spart hunderte, wenn der Vermieter Ihnen dumm kommt – das kann Ihnen auch nach

Umzugskosten vergleichen

Die Preisunterschiede zertifizierter Fachbetriebe machen bis zu 50 % aus, im Schnitt kostet der Umzug eines Zimmers bis zu einer Entfernung von 50 Kilometer zwischen 300 und 600 Euro.
Man kann den Umzug selber machen und nur große oder schwere Teile transportieren lassen. Eine Beiladung zum Möbeltaxi kostet innerhalb Deutschlands 70 bis 140 Euro pro m³, ein Klavier ab 300 Euro.

tipp

jahrelang gutem Verhältnis passieren. Kümmern Sie sich als Nächstes um einen Ablesetermin für Strom und Gas, die Ummeldung des Telefons und einen Nachsendeantrag für Ihre Post. Zeitungen und Magazine werden nicht nachgeschickt, teilen Sie dem Abonnentenservice (Adresse im Impressum der Zeitschrift) Ihre neue Anschrift mit.

1 Woche vorher

Tauen Sie in Ihrem alten Zuhause Gefrier- und Kühlschrank ab – wann Sie damit beginnen müssen, wissen Sie sicher aus Erfahrung. Weicht das Eis nicht von selbst bis zum Vortag des Umzugs, helfen Sie nach mit dem Föhn oder Tausalz. Nicht mit dem Messer kratzen und stochern! Sie durchstoßen sonst rasch die hauchfeine Aluminiumwand des Kühlschranks und er ist irreparabel kaputt. Packen Sie die Umzugskisten – wie man das professionell macht, lesen Sie im Kasten unten. Starten Sie einen Rundruf unter Ihren Helfern, und vergewissern Sie sich, dass wirklich keiner von ihnen den Termin vergisst. Wer inzwischen an einem Tennisarm leidet oder doch erst am Nachmittag Zeit hat, wird kurzerhand eingeteilt, am Umzugstag auf die Kinder und den Hund aufzupassen. Wenn Sie aus einem Mietblock ausziehen, besorgen Sie sich vom Hausmeister den Schlüssel für die Hofeinfahrt und bitten Sie ihn, die Mülltonnen beiseite zu schieben. Decken Sie – falls Sie das nicht ohnehin schon getan haben – im neuen Haus die Böden ab. Auf üblicher Plastikfolie aus der Malerabteilung des Baumarkts rutscht man, bis sie reißt. Besser taugt Wellpappe. Man kauft sie rollenweise in einem Verpackungsgroßhandel (Branchenbuch), verlegt sie mit den Rippen nach unten über dem gesamten Boden und klebt sie mit Kreppband solide aneinander und an die Fußleisten – kein Plastik-Packband verwenden, es hinterlässt unentfernbare Kleberspuren. Sollte es am Umzugstag regnen, doppeln Sie am Eingang die Pappe mit einem großen Rest Teppichboden,

Umzugskartons: Systematisch packen, gesund transportieren

Stecken Sie Geld und persönliche Unterlagen, Wertgegenstände und Medikamente in eine Tasche, die Sie persönlich tragen – so haben Sie die Sachen gleich zur Hand und müssen nicht in allen Räumen danach suchen. Für die Kartons fertigen Sie Kopien vom Grundriss Ihres neuen Hauses: so viele wie Kisten. Kleben Sie auf jede Schachtel einen Grundriss und kreuzen Sie darauf das Zimmer an, in das sie gehört. Rationeller als unterschiedlich große Bananenkisten und Wäschekörbe sind professionelle Faltkartons in Einheitsgröße. Sie lassen sich im LKW sicher und übersichtlich stapeln, nach dem Auspacken auseinander klappen und Platz sparend aufräumen – bis der Spediteur sie wieder abholt oder ein privater Interessent sie kauft. Für Kleidung gibt es spezielle Kleiderboxen, in denen Sie Garderobe hängend transportieren. Sie benötigen pro Person etwa 30 Kisten. Beladen Sie jede mit höchstens 20 Kilogramm Gewicht, sonst ist sie kaum noch zu schleppen. Bücher nur einlagig in die Kiste stellen, Rücken an Rücken, und den Raum darüber mit leichten Handtüchern, Socken oder Sofakissen füllen. Packen Sie die Griffschlitze in den Kisten nicht zu, damit man mit den Fingern von außen hineingreifen kann – scharfe und spitze Gegenstände gut einwickeln und in Kartonmitte legen. Geschirr und Gläser in Zeitungspapier einwickeln, Hohlräume ausstopfen. Teller zuunterst einpacken, dazwischen Kannen und Krüge stellen, darauf eingewickeltes Besteck und Gläser legen. Bilder und Spiegel einmal längs, einmal quer durch Wellpappe schützen oder Spezial-Ecken draufstecken und in den Karton legen statt stellen, dann kippen sie nicht um. Offene Lebensmittelpackungen und Flaschen, Shampoo und Parfüm mit Klebeband verschließen, so läuft nichts aus. Volle Kartons vorsichtig rütteln und umpacken, falls etwas klappert. Pflanzen mit Noppenfolie oder Wellpappe umwickeln. Kleine Töpfe in eine Kiste stellen, Zwischenräume mit Zeitungspapier polstern. Für große Gewächse im Baumarkt einen Tragegurt für Kübel kaufen.

Zuerst die Kinderzimmer einräumen, das gibt den Kleinen Sicherheit im Haus, das ihnen noch fremd ist. Dann die Küche aufbauen: Essen und Trinken hält Leib und Seele zusammen.

sonst weicht sie auf. Montieren Sie in jedes Zimmer eine Fassung mit Glühbirne, dann tappen Sie am Umzugstag nicht im Dunkeln.

Am Umzugstag

Stehen Sie früh auf und frühstücken in aller Ruhe, danach wird zügig gearbeitet. Sie flitzen zunächst in den Supermarkt, packen Verpflegung, Cola und Bier in Ihr Auto. Denken Sie auch an einen Flaschenöffner, Handtuch und Seife, Toilettenpapier und Mülltüten. Inzwischen sind hoffentlich Ihre Helfer eingetroffen. Bieten Sie ihnen einen Kaffee an, das stimmt sie freundlich. Während Sie Tassen spülen, Brot- und Belagreste in einen Korb packen und den Frühstückstisch reisefertig machen, prüfen zwei das Treppenhaus auf Schäden – sonst werden Ihnen die vielleicht später aufgebrummt. Sind die Helfer unten angekommen, können sie auch gleich das Türschild abmontieren und den Briefkasten leeren. Sie sehen auf dem Speicher und im Keller ein letztes Mal nach, ob dort noch Wäsche von Ihnen auf der Leine hängt. Ist der LKW voll, fährt er los; die Wohnung ist jetzt leer und kann geputzt werden. Machen Sie auch das Treppenhaus sauber und suchen Sie es mit einem Zeugen nach Umzugsschäden ab. Falls es Schrammen gegeben hat: fotografieren und am nächsten Tag der Haftpflichtversicherung melden.

Richtig umziehen

Möbel nur zerlegen, wenn man sie am Stück nicht tragen kann oder sie nicht durchs Treppenhaus passen – je mehr man auseinander baut, desto größer ist im neuen Haus das Durcheinander und die Gefahr, dass entscheidende Schrauben fehlen. Schrankteile vor dem Abbau mit Kreide nummerieren, so geht der Wiederaufbau ruckzuck. Damit Sie später nicht die Abstände zählen müssen, markieren Sie mit Bleistift die Position von Fachböden und nehmen Sie sie heraus. Die Schubladen sollten drinbleiben, nur die Griffe werden abgeschraubt und zusammen mit allen Möbelschlüsseln und Holzdübeln, Scharnierteilen und Inbusschlüsseln in einer Tüte gesammelt. Stecken Sie diese Tüte in die Tasche, in der Sie auch Ihre persönlichen Dinge transportieren, dann müssen Sie im neuen Haus nicht suchen. Schalten Sie die Sicherung ab und demontieren Sie Herd und Backofen. Teilen Sie Arbeitshandschuhe (Baumarkt) an alle Helfer aus und hieven Sie die schweren Haushaltsgeräte wie Kühlschrank, Waschmaschine und Trockner mit Tragegurten auf die Laderampe des LKW, platzieren Sie alle »weiße Ware« senkrecht. Bestimmen Sie den Systematiker unter Ihren Umzugshelfern als Lademeister, auch für die Kisten und Möbel.

Wie alt ist Ihr Führerschein?

Wer seinen Führerschein nach dem 1. Januar 1999 bestanden hat, darf LKWs nur bis zu 3,5 Tonnen lenken. Alte Hasen unter den Autofahrern können sich Fahrzeuge bis zu 7,5 Tonnen ausleihen, nette Chefs stellen übers Wochenende oder nach Feierabend ihr Firmenauto zur Verfügung gegen eine Tankfüllung Diesel. Sonst holen Sie den Umzugswagen von einer Autovermietung – beachten Sie den Ort der Rückgabe!

info

Kinderseelen verstört ein Umzug mehr als Erwachsene. Nach dem Ortswechsel erst mal stärken, dann die Kinderzimmer einräumen – äußere Ordnung hilft, inneres Chaos zu besänftigen.

Legen Sie zuerst Wellpappe oder Teppiche auf der Ladefläche aus, das bewahrt Möbel vor Kratzern. Denken Sie daran: Was zuerst im Wagen steht, kommt zuletzt ins neue Haus. Liefern Sie das Kinderbettchen ganz zum Schluss an, dann kann es als Erstes einziehen, Ihr Nachwuchs hat dann schon ein Stückchen vertrautes Terrain. Das Auto wird grundsätzlich in Längsrichtung bepackt, so stützen Möbel und Kisten sich gegenseitig beim Anfahren und Bremsen. Verteilen Sie das Gewicht gleichmäßig auf beide Seiten des Transporters. Bauen Sie entlang der Außenseiten zunächst je eine Kistenwand und fixieren Sie diese mit den Schränken, die sich nicht auseinander nehmen lassen. Hüllen Sie alles Mobiliar in Decken.

LKW beladen Lücken zwischen den Kisten füllt man mit Bügelbrett und Wäscheständer, Topfpflanzen, Schrankteilen und Kleinmöbeln. Die Sitzfläche der Couch lässt sich nutzen als Ladefläche für Bettzeug und Wäschebeutel, Computer und Monitor, Musikanlage und Fernseher stehen am sichersten unter einem Tisch. Wer der Sache nicht traut, kutschiert die Elektronik in seinem Privat-PKW. Kommt die Einbauküche mit ins Eigenheim, stellt man die Unterschränke auf den LKW-Boden und platziert darauf die Oberschränke kopfüber – so fallen Kratzspuren später nicht auf.

Rücken schützen Stellen Sie sich breitbeinig so dicht wie möglich an die jeweilige Last, heben Sie Gewicht immer aus der Hocke, nie aus dem gebückten Kreuz. Wenn Sie Tragegurte verwenden: Der Gurt gehört auf die Seite, auf der sich auch das Treppengeländer befindet. Die nagelneuen Fußbodenbeläge Ihres Eigenheims haben Sie schon am Vortag abgedeckt (s. Seite 50). Teilen Sie trotzdem Ihre Helfer ein in Läufer und Verteiler – letztere nehmen die Kartons an der Haustür an und arbeiten ausnahmslos im Haus, so bleibt Schmutz draußen. Bitten Sie die Verteiler, sich an den aufgeklebten Grundrissen zu orientieren und die Kisten in den richtigen Räumen planvoll an den Wänden entlang aufzureihen. Komplette Möbel kommen gleich an ihren Platz, die Einzelteile von zerlegtem Mobiliar stapelt man zueinander.

Die erste Woche

Sie haben mit Ihren Helfern auf den Umzug angestoßen und gegessen, jetzt sind Sie mit Ihrer Familie allein. Schnuppern Sie im Haus herum: Ihr neuer Lebensraum – er gehört Ihnen. Genießen Sie den Gedanken ausgiebig! Machen Sie sich nicht verrückt mit Möbel rücken und Kisten auspacken, erledigen Sie das nach und nach. Wichtig am ersten Abend: Kinderzimmer und Bad. Für alles andere ist Zeit in den nächsten Wochen.

Ummelden Teilen Sie dem Einwohnermeldeamt und der KFZ-Zulassungsstelle Ihre neue Adresse mit und jedem, der sie wissen muss – Gedankenstütze auf Seite 49. Man kann sich auch per Internet ummelden – etwa unter www.ummelden.de oder www.umzug-checkliste.de.

▶ Einrichten: Möbel und Deko, Hübsches und Nützliches, Tipps und Trends für das neue Zuhause unter www.haus.de/wohnen

Wie teuer wird unser Umzug?

Der Einzug ins neue Haus verschlingt vielleicht mehr Geld als Sie annehmen – halten Sie genügend Reserven zurück. Schätzen Sie hier grob das Volumen.

Annonce oder Maklergebühren für den Nachmieter	*Euro*	________
Renovieren der Mietwohnung (Wände, Fenster, Türen und Heizkörper streichen ca. 32 Euro/m² Wohnfläche)	*Euro*	________
Nachsendeantrag für Post (6 Monate 14,80 Euro, 12 Monate 24,80 Euro)	*Euro*	________
Überschneidung von Miete und Darlehenszinsen	*Euro*	________
Möbeltransport (bis 120 km, Wohnung bis 80 m²: 600-1300 Euro. Bis 120 m²: 1000–2000 Euro. Haus: ab 1500 Euro)	*Euro*	________
Packmaterial 200–350 Euro, Ein- und Auspacken 25–35 Euro/Stunde, Küchenmontage 30–45 Euro/Stunde	*Euro*	________
Übertrag	*Euro*	________

Übertrag	*Euro*	________
Brotzeit und Trinkgelder für Möbelpacker und Umzugshelfer	*Euro*	________
Sprit für Umzugsfahrten mit dem eigenen PKW	*Euro*	________
Auto-Ummeldung, neue Nummernschilder (pro PKW ca. 100 Euro)	*Euro*	________
Telefonanschluss, Mülltonne (ca. 250 Euro)	*Euro*	________
Umzugsbedingte Unterrichtskosten für die Kinder (Nachhilfe und neue Schulbücher wegen Wechsel des Bundeslands – steuerlich absetzbar!)	*Euro*	________
Summe	*Euro*	________

check

Pfusch am Bau? Nicht mit uns!

Unsere Finanzierung steht, und alle Baupläne sind abgesegnet, die Handwerker haben zugesagt, und wir sind zuversichtlich, dass unsere Nerven uns nicht verlassen: Jetzt geht es unwiderruflich los. Wir lassen es uns nicht nehmen, unter Hallo den ersten Spatenstich selbst zu machen und diesen großen Tag ein bisschen zu feiern. Dann tauchen wieder Fragen auf: Wer kümmert sich eigentlich um die Baustelle? Wie kriegen wir gute Handwerkerarbeit? Woran erkennen wir Schlamperei, was können wir dagegen unternehmen? Darüber machen wir uns als nächstes schlau.

So lassen sich grobe Baumängel vermeiden

Bauleitung, Bautagebuch und Abnahmeprotokolle

Wer war das – Architekt, Handwerker oder Bauleiter? Die Bayerische Oberste Baubehörde weiß: Die Zahl der Ausführungs- und Überwachungsfehler wird getoppt von schlampiger Planung. Beispiel: Das Dach über dem Ferienzimmer für Sommergäste neigt sich ohne Kopffreiheit, der Gang zur Küchenzeile verursacht sicher Beulen.

Aus den Schäden anderer Leute wird der Aufmerksame klug – wer von fremden Fehlern lernt, schont seine Nerven und den eigenen Geldbeutel. Baumängel gibt es leider haufenweise; besser Bescheid wissen und öfter genau hingucken mindert das Risiko.

Die häufigsten Baufehler

Bauherren, die an falscher Stelle sparen, zahlen drauf – später, wenn Wände durchfeuchten, Rohre rosten oder Fugen klaffen. Das Angebot des billigsten Handwerkers oder Bauunternehmers kommt oft teuer. In der Flaute gibt es weniger Aufträge: Preisdruck lastet auf dem Unternehmer. Er hat nur zwei Möglichkeiten zum Sparen: an Lohn oder Material – oder beidem. Arbeiten Handwerker schneller, wird es manchmal ungenauer. Billige Konstruktionen sind anfälliger für Mängel. Knappes Kalkulieren, sogar unter den Herstellungskosten, treibt Firmen in die Insolvenz: Bauherren verlieren Geld und Zeit auf der Suche nach Ersatzfirmen.

Ursachen ergründen In den letzten Jahren wies jeder Neubau durchschnittlich zwanzig Mängel auf, die Nachbesserungsarbeiten summieren sich auf 1,8 Milliarden Euro jährlich. Häufigere und genauere Kontrollen auf der Baustelle verringern die Fehlerquote – auch das kostet Zeit und Geld, bedeutet aber die klügere Investition. Jedes Haus ist ein Unikat, jedes Grundstück anders. Baufehler lassen sich nie vermeiden, der Bauherrenschutzbund in Berlin deckte die häufigsten auf: Von 100 registrierten Häusern mangelte es 65 am Schallschutz der Haustrennwände, Geschossdecken und/oder Sanitärinstallationen, in 45 Häusern zog Wind durch die Fugen, in 38 Gebäuden war zu wenig Wärmeschutz eingebaut. »Etwa ein Viertel aller Mängel wäre vermeidbar gewesen mit besserer Planung, über die Hälfte durch stärkere Baukontrolle«, sagt der Bauherren-Schutzbund.

Baubeschreibung prüfen In der Baubeschreibung stehen Konstruktion und Materialien aller Hausteile. Wenn etwas anders ausgeführt wird als beschrieben, liegt ein Mangel vor. Die Bandbreite reicht von unerwartet heller oder dunkler Wandfarbe über undichte Fenster und zu dünne Dämmlagen bis zur funktionsuntüchtigen Drainage ums Haus. Je detaillierter die Baubeschreibung, desto weniger Streitpunkte und Nervenbelastung gibt es für alle. Akzeptieren Sie keine ungenauen Angaben im Handwerker-Angebot wie »10 cm Dämmung«. Verschiedene Materialien dämmen verschieden gut (siehe *start! Wir planen unser Haus* ab Seite 74). Darum ist es wichtig, das Dämmvermögen oder ein bestimmtes Material festzulegen. Was heißt: Regeln der Technik? Als Mangel gilt auch, wenn Handwerker nicht nach »allgemein anerkannten Regeln der Technik« arbeiten. Das sind Erfahrungswerte und Festlegungen des Handwerks, Verarbeitungsrichtlinien der Verbände und Hersteller, aber auch Normen, etwa vom Deutschen Institut für Normung (DIN). Es gilt der Stand der Technik zum Zeitpunkt der Baugenehmigung. Protokoll führen Handwerker selbst haben eine Prüfpflicht: Der Gipser schaut immer nach, ob die Mauer sich eignet als Untergrund für den Putz. Findet er einen Fehler, meldet er seine Bedenken beim Bauherrn an. Sonst haftet der Gipser für den schadhaften Putz. Handwerker müssen auch darauf hinweisen, falls sie eine Detailänderung kritisch finden, die Sie als Bauherr wünschen. Halten Sie beispielsweise die Schwelle an der Terrassentür für eine Stolperfalle und wird sie niedriger gebaut als geplant: Dringt nach Frost Tauwasser ins Wohnzimmer, zahlen Sie selbst die Reparatur. Sollten Sie einen Fehler vermuten: Vergleichen Sie Baubeschreibung und Ausführung. Kommt Ihnen etwas merkwürdig vor? Dann ziehen Sie Architekt, Bauleiter oder einen anderen Experten hinzu. Für die Beurteilung eines technischen Fehlers sollten Sie eine unabhängige Meinung einholen. Bauherren argumentieren noch stichhaltiger mit einem schriftlichen Protokoll des Baufortschritts (wann wurde was von wem gemacht?) und Fotos (wie sieht es aus?). Oft verursachen mehrere Faktoren den Schaden, anhand des Protokolls lässt sich der Hauptverdächtige rascher aufspüren. Solches Beweismaterial kann auch Schadensursachen belegen, die später gar nicht mehr zu sehen sind.

Planung und Kontrolle gegen Pfusch am Bau

Hitliste der häufigsten Baumängel in Neubauten

Wer sich auf der Baustelle öfter blicken lässt, beklagt weniger Baufehler – der Bauherren-Schutzbund zählte die häufigsten.

Kontrollgänge durchführen Bauherren sollten nach jedem größeren Bauabschnitt die Arbeiten selber anschauen, Bauleiter müssen sie von Berufs wegen prüfen. Je früher Sie Fehler bemerken, desto besser; je später im Bauablauf sie auffallen, desto aufwendiger und teurer kommt die Schadensreparatur. Sie können die Fehlersuche abgeben an einen unabhängigen Gutachter. Solche Dienste bieten gegen Gebühr der Technische Überwachungsverein (TÜV) und der Deutsche Kraftfahrzeugüberwachungsverein (Dekra), der Verband Privater Bauherren und der Bauherren-Schutzbund, die Verbraucherzentralen und vereidigte Sachverständige der Handwerkskammern.

Bauleiter bestimmen

Wer auf Nummer sicher gehen will, leistet sich gleich einen verantwortlichen Bauleiter. Für ein genehmigungspflichtiges Bauvorhaben müssen Sie der Baubehörde ohnehin einen benennen, spätestens eine Woche vor Baubeginn mit der Baube-

Die neuralgischen Punkte prüfen

Wo oft Schäden auftreten, empfiehlt es sich, besonders zu kontrollieren: Erdarbeiten richtig ausgeführt? Kellerwände und Sockel trocken, Außendämmung und Feuchtigkeitssperre lückenlos? Böden und Wände eben? Lücken in Dämmung und Dampfsperre von Außenwand und Dach? Dachdeckung dicht? Putz rissfrei? Installationen funktionstüchtig? Fenster und Türen dicht? Bodenbeläge korrekt?

tipp

ginnanzeige. Der Bauleiter trägt die Verantwortung, dass die Bauausführung den genehmigten Plänen entspricht. Ferner beantwortet er Fragen der Handwerker und schaut ihnen auf die Finger, führt regelmäßig Kontrollgänge durch, nimmt die Zwischenabnahmen vor, und er ist bei der Endabnahme dabei. Die Vertrags- und Baukontrolle für ein Einfamilienhaus kostet etwa 2 050 bis 3 070 Euro. Der TÜV Bau und Betrieb (Ruf 089-57 91 25 40) zum Beispiel verlangt für das Bau-Controlling 0,8 bis 1,1 Prozent der Baukosten, der Verband Privater Bauherren (Ruf 040-23 15 50) berechnet pro Stunde rund 87 Euro. Die Ausgabe amortisiert sich durch Kostenersparnis für Fehlerbeseitigung.

Sinnvoll investieren Zum Vergleich: Einen feuchten Keller nachträglich von außen abzudichten verschlingt leicht 25 000 Euro. Außerdem lässt sich ein geprüftes Haus besser verkaufen. Üblicherweise wird geprüft, ob die Baubeschreibung technisch einwandfrei ist. Ein Prüfer mit Distanz zum Vorhaben entdeckt Unklarheiten, die der Planer übersieht. Nach wichtigen Arbeitsschritten begehen Ingenieure den Bau, dokumentieren Mängel und prüfen Nachbesserungen.

Wer darf Bauleiter sein? Meist übernehmen Architekten diese Aufgabe. Es gibt welche, die besser oder lieber planen als im Matsch herumwaten und kontrollieren – sprechen Sie Ihren Architekten offen darauf an und bitten Sie ihn eventuell, einen Kollegen zu empfehlen. Auch erfahrene Maurer oder Zimmerleute dürfen einen Bau leiten. Der Bauleiter muss auf der Baustelle tatsächlich anwesend sein und beispielsweise auch die Sicherheitsvorschriften kennen und durchsetzen. »Die weit verbreitete Praxis der Gefälligkeitsunterschrift«, mahnen die Tübinger Architekten Gottfried Häfele und Wolfgang Oed, »ist ein unverantwortliches Risiko für Bauleiter und Bauherrn.«

▶ **Großer Ratgeber Recht: Mustertexte, Urteile und juristische Erstberatung gibt es unter www.haus.de/recht**

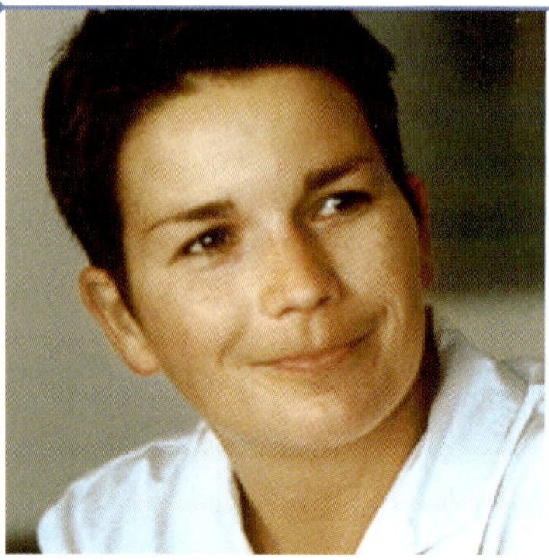

So reklamiert man richtig

Corinna Merzyn, Geschäftsführerin Verband Privater Bauherren

»

Ein Handwerker hat Pfusch abgeliefert. Was nun?
Pfusch am Bau muss niemand akzeptieren. Hat der Handwerker in wesentlichen Teilen fehlerhaft gearbeitet, darf der Bauherr die Abnahme verweigern.

Was tun, wenn trotzdem eine Rechnung ins Haus flattert?
Niemand ist verpflichtet, für fehlerhafte Leistung zu bezahlen.

Also, was sollen Bauherren unbedingt beachten?
Sorgfältig alle Funktionen prüfen und für größere Arbeiten die Hilfe eines Fachmanns in Anspruch nehmen. Der erkennt nämlich auch versteckte Mängel.

Was ist als Erstes zu tun, wenn man einen Mangel entdeckt?
Fehler reklamiert man sofort in einem Brief an den Handwerker.

Manchmal kommt man ihm ja erst später auf die Schliche ...
Fällt Pfusch nicht sofort auf, etwa ein undichtes Fenster, kann man sich auch später noch wehren, innerhalb der Gewährleistungsfrist. Sie beträgt für Arbeiten an Bauwerken fünf Jahre, sonst zwei.

Wie geht es dann mit der Reklamation weiter?
Man setzt dem Handwerker eine Frist zur Mängelbehebung. Versäumt er sie oder bessert mehrmals erfolglos nach, darf man schriftlich drohen mit Beauftragung eines Zweit-Handwerkers.

Hat man den ganzen Ärger auch mit einem schlüsselfertigen Haus vom Bauträger?
Ist eine schlüsselfertige Übergabe des Hauses vereinbart, haftet der Bauträger für alle Handwerkermängel. Er kann den Bauherrn also keinesfalls an seine Subunternehmer verweisen.

Während der Auseinandersetzung ruht eventuell der Bau ...
Trotzdem die Sache nicht auf später verschieben, bis man wieder Zeit und Nerven hat – sonst verstreichen die Fristen!

Wie kann man Handwerkern Schlamperei nachweisen?
Ist gar nicht nötig: Der Handwerker muss seinerseits einwandfreie Arbeit nachweisen – so lange, bis Sie die Leistung abgenommen haben. Erst im Moment Ihrer Unterschrift dreht sich die Beweislast um, ab da müssten Sie dem Handwerker seinen Baufehler nachweisen. Nehmen Sie den Abnahmetermin deshalb nicht auf die leichte Schulter.

«

Wie wappnen wir uns richtig gegen Ärger?

Die Arbeitsgemeinschaft der Verbraucherverbände (AgV) erforschte die zehn schlimmsten Bauherren-Fehler. Lesen Sie, wo es auf der Baustelle am häufigsten hapert, und kreuzen Sie an, welche Fallen Sie schon beseitigt haben.

1 Leistungsbeschreibung studieren und verstehen
Fast 12 Prozent der Bauträgerbauherren und ein Viertel der Fertighauskäufer verstehen die Baubeschreibung nicht. Wir unterschreiben nur, was uns klipp und klar ist. ❍

2 Termine überwachen
Nur 54 Prozent der Architektenhäuser werden termingerecht fertig, Fertighäuser zu 70 Prozent, Bauträgerhäuser zu 85 Prozent. Wir machen Dampf. ❍

3 Pläne durchblicken
30 Prozent der Bauherren verstehen ihre Hauspläne nur zum Teil, 10 Prozent gar nicht. Wir knien uns in die Unterlagen, es geht um unser Geld. ❍

4 Endabnahmeprotokoll schriftlich festhalten
Über zwei Drittel der Bauherren verzichten. Wir bestehen auf schriftlichen Vereinbarungen. ❍

5 Sicherheiten einbehalten
Wir behalten einen Teil der Bausumme als Druckmittel gegen Pfuscher. ❍

6 Geld nur gegen Leistung
Bauträger- und Fertighauskunden zahlen zu früh zu viel. Wir zahlen nur gemäß der Makler- und Bauträgerverordnung. ❍

7 Gegen Konkurs sichern
Pro Jahr gehen um 7500 Bauunternehmen pleite, nur 4,5 Prozent der Bauherren versichern sich gegen die Folgen. Wir fordern eine Baufertigstellungsversicherung. ❍

8 Mängel schriftlich rügen
40 – 50 Prozent der Bauherren lassen sich Baumängel gefallen. Wir kontrollieren den Bau. ❍

9 Mängel fristgerecht beseitigen lassen
Einem Viertel der Bauherren, die mit Architekten gebaut haben, wurden Mängel trotz Rüge nicht ordnungsgemäß beseitigt. Wir klemmen uns dahinter, lassen nicht locker. ❍

10 Baukosten laufend kontrollieren
Bauherren bezahlen oft mehr als kalkuliert: 16 Prozent der Architektenhäuser wurden teurer, 14 Prozent der Fertighäuser und ebenso viele Bauträgerhäuser – von diesen kosteten fast 7 Prozent ein Drittel mehr als vereinbart. Wir halten den Daumen auf unserem Geld. ❍

check

Rohbau: Von der Baugrube bis zum First

Wie auf einem Fundament ein ganzes Haus wächst

Baumaßnahmen in der Nähe von Bauwerken fordern eventuell eine Ermittlung ihrer Gründungsart und -tiefe. Wittern Sie Ärger, lassen Sie den baulichen Zustand von Nachbarhäusern dokumentieren per gerichtlichem Beweissicherungsverfahren – bevor Sie mit Ihrem Erdaushub beginnen.

Schauen Sie noch einmal Ihr Grundstück an: Wo jetzt Löwenzahn und Gänseblümchen sprießen, wird bald Ihr Haus wachsen. Werfen Sie außer einem sentimentalen Blick auch ein wachsames Auge auf den Bauplatz, am besten durch den Sucher einer Kamera und in Gegenwart Ihres Architekten und des Bauunternehmers, den Sie mit den Erdarbeiten beauftragt haben.

Baugrube

Es ist wichtig, dass Sie vor dem Aushub der Baugrube das Gelände sondieren und alle Arbeiten durchsprechen, die jetzt notwendig sind – so wappnen Sie sich gegen Ärger mit Ihren zukünftigen Nachbarn und dem Bauunternehmer. Halten Sie schriftlich fest: Gründungshöhen und möglicherweise bereits bestehende Bauschäden der Nachbarhäuser, die Höhen des Geländes, die aller Voraussicht nach vorhandenen Bodenschichten (dazu begutachtet man auch Baugruben in der Umgebung) und den Aufwuchs – also Bäume und Pflanzflächen, die gerodet oder erhalten werden sollen. Halten Sie in einer Zeichnung fest: die Zufahrt zur Baustelle, die Lage der Baustellen-Anschlüsse für Wasser, Strom und eventuell Telefon, den Platz für die Baubude und die Lagerflächen für Baumaterialien. Suchen Sie gemeinsam mit dem Bauunternehmer den sichersten Platz für den Baukran, und lassen Sie sich beraten, wie man weichen Boden darunter festigt, damit der Kran nicht kippt. Der Baustellen-Einrichtungsplan gehört zu den Baudokumenten, die Sie für eine Baustellenkontrolle der Bauaufsichtsbehörde vor Ort stets bereit halten müssen. Erkundigen Sie sich spätestens jetzt beim Vorbesitzer Ihres Grundstücks oder bei der Gemeinde, ob Versorgungsleitungen durch Ihr Grundstück führen – dann muss der Baggerführer vorsichtiger schaufeln.

Schnurgerüst spannen Ihre Baugenehmigung enthält einen Lageplan, dort ist Ihr neues Haus eingezeichnet mit seinen exakten Maßen. Der Umriss des Gebäudes wird auf dem Gelände abgesteckt mit Schnüren; sie zeigen den Verlauf der Außenwände auf ihren Außenseiten. Der staatliche Vermesser markiert in einigem Abstand zur späteren Baugruben-Kante jede Hausecke mit je drei Pfählen in der Erde und verbindet sie jeweils mit millimetergenau waagerechten Hölzern. Sie geben die Oberkante einer Planungshöhe an, meist die Oberkante des fertigen Fußbodens im Erdgeschoss (OKFFB-EG) oder die Oberkante der Rohdecke im Erdgeschoss (OKRD-EG). Diese Konstruktion ist das Schnurgerüst, Kerben darin halten die Position der Fluchtschnüre fest – sollten sie von einem Baufahrzeug abgerissen oder zur Erleichterung bestimmter Arbeiten ausgehängt werden, lässt sich der Hausumriss rasch wieder rekonstruieren. Bebauen Sie ein Hanggrundstück, würde das Schnurgerüst auf der Talseite überdimensional hoch aufragen. Am Berg wird ein Schnurgerüst in verschiedenen Höhen abgetreppt.

Humus abtragen Die Hausgröße ist nun amtlich, jenseits der Schnüre darf auf keinen Fall gebaut werden. Bevor die Schaufel des schweren Baggers sich ins Erdinnere frisst, schiebt man mit einem kleinen, leichten Radlader den empfindlichen Mutterboden beiseite, je nach Region die obersten 10 bis 30 Zentimeter bewachsene Erde. Die brauchen Sie später als Pflanzfläche für den Garten. Passen Sie gut auf, dass der Humus auf Ihrem Grundstück bleibt. Sonst müssen Sie Deponiegebühr bezahlen (pro Kubikmeter etwa 12 Euro) oder ihn später neu kaufen (pro Kubikmeter etwa 60 Euro). Setzt man am Grundstücksrand lockere, längliche Haufen, liegt der Humus nicht im Weg. Und türmt man die so genannten Mieten nicht höher auf als zwei Meter, übersteht das kostbare Naturgut die Bauzeit ohne Schäden.

Baugrube baggern Laien können nur kleine Geräte bedienen, etwa einen Radlader. Mit ihm schaufeln sie in der Stunde 5 Kubikmeter leicht lösbaren Boden oder 2 Kubikmeter schweren Boden. Für eine übliche Baugrube wühlt man sich durch 500 oder mehr Kubikmeter Erde und Steine, ist also zwei Wochen lang jeweils drei Stunden nach Feierabend und zwei ganze Samstage beschäftigt und spart etwa 2000 Euro – theoretisch, die Radladermiete beträgt 180 Euro täglich: Es lohnt sich also nicht, den Erdaushub in Eigenregie zu bewältigen. Lassen Sie Bagger und LKW anrücken. Baugruben in weichem Boden brauchen ab 1,25 Meter Aushubtiefe eine Böschung, in festen, bindigen Böden und Fels ab 1,75 Meter, damit die Oberkante nicht abreißt und Grube samt Arbeitern verschüttet.

Grube sichern Die Böschungsneigung hängt ab von Bodenbeschaffenheit, Grubentiefe und Jahreszeit – im regenreichen Frühjahr ist die Gefahr eines Erdrutsches besonders hoch. Faustregel: Für Baugruben in weichen Böden maximal 45 Grad Böschungswinkel anlegen, in festen Böden höchstens 60 Grad, in Fels 80 Grad. Oberflächenwasser, Frost oder Trockenheit können die vorschriftsmäßigste Böschung zermürben. Rohre oben am Böschungsrand und Plastikfolie über der Schräge bewahren die Stabilität. Manche Bauunternehmer fixieren das Erdreich auch mit Zementmilch oder einer dünnen Betonschicht. Unten in der Grube benötigen die Handwerker einen mindestens 50 Zentimeter, besser 80 Zentimeter breiten Arbeitsraum zum Bewegen und Hantieren zwischen

Preise
Baustelle und Erdarbeiten

Art der Arbeit	Preis in Euro
Bau-Stromanschluss + Zähler	607
Bau-Wasseranschluss + Zähler	400
Baustellen-Telefon + Zähler	370
Bauzaun, Bretter, pro lfm	28
Bauzaun, Stahlrahmen, h=2 m, pro lfd.M.	10
Baubaracke, 12 m^2	950
Chemie-Toilette, pro Woche	28
Schuttcontainer Grundgebühr	192
Schuttcontainer Standgebühr pro Tag	6
Baugelände abräumen, m^3	21
Baugrubenaushub, m^3	73
Aushub entsorgen, m^3	19
Aushub seitlich lagern, m^3	4
Baugrubensohle planieren, m^2	2
Streifenfundamentaushub, m^3	19
Hinterfüllung Bauwerk, Lagermaterial	10

Selber baggern: Ein Kindertraum

Bauer Käsberger im bayerischen Taufkirchen bei Ampfing macht Warmduscher zu Männern: Inklusive zehnminütiger Einweisung darf man für 106 Euro eine Stunde lang den kleinen oder großen Bagger in einer Schutthalde führen, Kies aufschaufeln und runterprasseln lassen – und glücklich sein. Dann wissen Bauherren, wie man eine Baugrube aushebt. Mehr Info unter Telefon 08638-79 58 und www.freizeit-baggern.de

tipp

Böschungsunterkante und Fluchtlinie der Außenmauer. Oben rings um die Grube markiert man mit Sägemehl oder Pflöcken (gegen Stolpergefahr signalfarbig besprühen) einen lastfreien Streifen von 60 Zentimeter Breite. Darauf weder Aushub noch Baumaterial lagern – denn weicht Regen die Böschung auf, kippen Lasten über die Böschung oder drücken untere Erdschichten in die Grube.

Grube in der Baulücke Sie haben für Ihr Haus eine enge Baulücke ergattert zwischen zwei Nachbarn? Dort ist kein Platz für eine Böschung – die Grubenwände bleiben gerade und werden verbaut mit Bohlen, Stahlprofilen oder Betonpfählen. Ist der Aushub sehr tief wegen einer Garage unterm Keller oder einem Schwimmbad, lastet enormer Erddruck auf den Grubenwänden: Die senkrechte Verbauung wird mit Spannstählen horizontal in der Erde verankert. Reichen sie ins Grundstück des Nachbarn, brauchen Sie selbstverständlich sein Einverständnis. Auch in verbauten Baugruben ist ein 50 Zentimeter breiter Arbeitsraum Vorschrift.

Baugruben böscht man sicherheitshalber ab. Fehlt Platz, berechnet der Statiker einen senkrechten Verbau aus Bohlen, Stahlbeton oder stählernen Wänden.

Baugrube:
Größe und Böschungsneigung

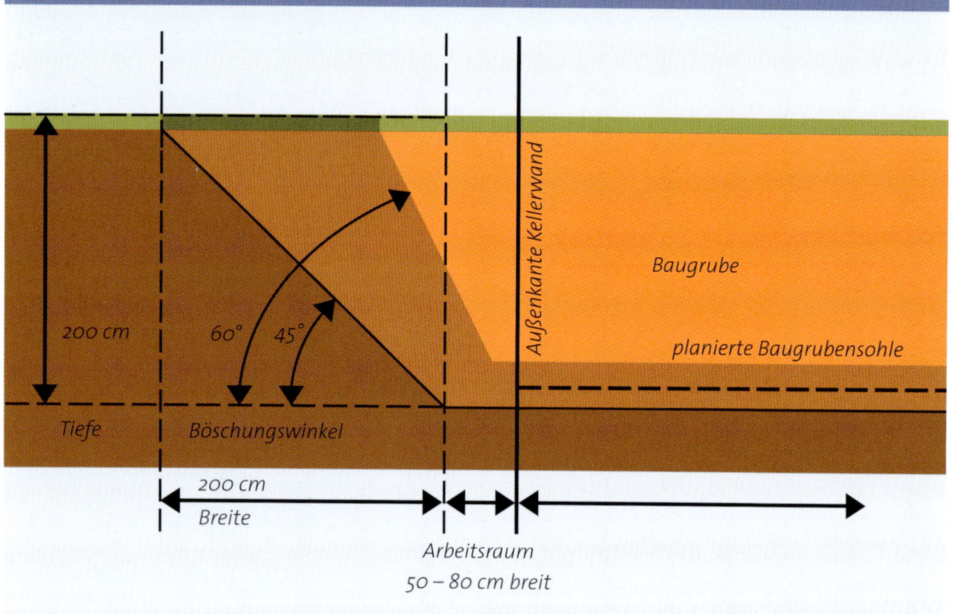

Grubensohle Die Baugrubensohle muss eben und fest sein, sonst kämpfen Sie später teuer und fast aussichtslos gegen Setzungsrisse in den Hauswänden. Schwere Maschinen würden die Erde auflockern: Man stoppt sie vor dem Aushub der letzten, 10 bis 15 Zentimeter dicken Schutzschicht und entfernt diese in lohnintensiver Handarbeit – hier können Sie sich nützlich machen und sparen. Möglicherweise ist der Boden auf der Baugrubensohle nicht bindig, dann wird er verdichtet durch gewissenhaftes Einrütteln oder abgetragen und durch eine Magerbetonschicht ersetzt. Finden Sie bindigen Baugrund vor, schütten Sie 10 bis 20 Zentimeter hoch Kies oder Sand auf die Sohle – diese Sauberkeitsschicht verhindert, dass Regen den Boden wieder auflockert. Sobald die Gründungssohle angelegt ist, hat darauf niemand mehr etwas zu suchen – erklären Sie Ihren Kindern, dass sonst genau über ihren Fahrradspuren das Haus in die Erde sinkt, und achten Sie darauf, dass interessierte Baustellen-Besucher keine Fußstapfen in die vorbereitete Sohle drücken.

Grundwasser absenken Wasser in der Baugrube behindert die Bauarbeiten und durchfeuchtet die Wände. Steigt es hoch, kann der Keller aufschwimmen und sich irreparabel in der Grube verkanten. Regen- und Sickerwasser wird über Rohre in einem eigens gegrabenen Pumpensumpf am Tiefpunkt der Grubensohle gesammelt und hochgepumpt. Wer an Hang, Flussufer oder See baut, schützt Baugrube und Rohbau zusätzlich mit Lehmwällen oder Spundwänden. Grundstücke mit einem Grundwasserstand ab 30 Zentimeter über der Grubensohle lassen sich nur bebauen, wenn man vorher das Grundwasser absenkt mit Saugrohren oder einem Saugbrunnen. Eine Grundwasserabsenkung ist teuer, allein die Saugpumpe frisst täglich Strom für etwa 50 Euro und die Maßnahme beeinträchtigt Nachbarn und Umwelt – ohne Einvernehmen mit Wasserwirtschaftsamt und Anwohnern läuft gar nichts. Eine exklusive Grundstückslage ist den Aufwand wert, sonst sollte man ohne Keller bauen. Das Verfahren schwemmt unweigerlich feinen Sand aus dem Untergrund der Nachbargärten – es lässt sich nicht ausschließen, dass dadurch die

Häuser ringsum Setzungsschäden davontragen (vorher gerichtliches Beweissicherungsverfahren einleiten). Darum festigt man den Boden mit chemischen Mitteln. Bedenken Sie auch, dass den Pflanzen Ihrer Nachbarn das Wasser fehlt. Bieten Sie Ihr frisches Baustellen-Wasser zum Gießen an oder die Übernahme der zeitweiligen Mehrkosten. Bis jede Kellerwand abgedichtet oder der Rohbau zu schwer ist, um aufgeschwemmt zu werden, surren die Pumpen und plätschert das Wasser Tag und Nacht. Drängen Sie den Bauunternehmer, extrem leise Pumpen aufzustellen, und schenken Sie den Anwohnern Ohropax und Blumensträuße.

Grundleitung

Die Trinkwasserleitung wird später durch die Kellerwand geführt, sie ist jetzt noch nicht wichtig – im Gegensatz zur Grundleitung, dem zentralen Abwasserrohr. In der Regel führt es auf dem Niveau der Kellerdecken aus dem Haus zum öffentlichen Kanal. Abhängig von Grundstücksneigung und Höhenverlauf des Kanals ist jedoch eine Grundleitung unter den Fundamenten sinnvoll, zumindest für Bodenablauf, Dusche oder WC im Keller. Der Entwässerungsplan enthält Rohrquerschnitte, Verlauf und Gefälle. Die Angaben sind verbindlich, die Monteure müssen sich danach richten. Sie graben Rinnen in Handarbeit, breit genug für die Rohre plus ein Sandbett als Schutz vor Beschädigungen. Üblich ist ein Gefälle von 2 bis 3 Prozent: Die Leitung fällt pro Meter Länge um 2 bis 3 Zentimeter. Wird das Gefälle nicht eingehalten, verstopft später das Rohr. Liegt erst die Bodenplatte, sind Korrekturen nicht mehr möglich, also unbedingt vorher mit einem Durchfluss-Test prüfen.

Rohre verlegen und schließen Die Grundleitung wird aus Kunststoffteilen zusammengesteckt. Braune Rohre mit der Bezeichnung KG (Kanalgrundleitung) eignen sich für die Verlegung im Erdreich, graue HT-Rohre (Hochtemperaturbeständig) für den Innenbereich. Dichtungen halten die Nahtstellen tropffrei – schauen Sie jede einzelne genau an. Erst dann schließen Sie die Leitungsrinnen mit Sand.

Rückstauventil einbauen Der Bodenablauf im Keller soll später bündig im Kellerfußboden sitzen, sonst ärgern Sie sich über eine stetige Stolper- oder Schmutzfalle. Addieren Sie die Dicken von Beton-Bodenplatte, Dämmschicht, Estrich und Fliesenbelag – so wissen Sie, wie hoch Sie die Oberfläche des Ablaufs montieren, je nach Konstruktion des Kellerbodens 23 bis 26 Zentimeter über der Baugrubensohle. Platzregen oder Unwetter füllen gelegentlich den öffentlichen Kanal so rasch, dass er Ihr Abwasser nicht fasst und fremdes in die Rohre drückt – es fließt zurück ins Haus und flutet den Keller. Das verhindert ein Rückstauventil; Elementarschaden-Gebäudeversicherungen begleichen keine Schäden durch Kanalrückstau, oder sie verlangen Prämienzuschläge. Damit während der Bauarbeiten kein Dreck oder Mörtel in die Einlauföffnung der Grundleitung fällt, verschließt man sie mit einem passgenauen Kunststoffdeckel – eine drübergezogene Plastiktüte verleitet früher oder später die Bauherrin, sie abzunehmen und darin Müll abzutransportieren, oder die Kinder zweckentfremden sie zur Stein-Sammeltasche. Leidgepüfte Bauherren warnen übrigens davor, den Deckel per Gummidichtung zu verschließen: Er lässt sich nicht mehr lösen.

Kanalgräben ziehen Achten Sie auf Ihre Sicherheit, wenn Sie die Kanalgräben ziehen: Bis zu einer Tiefe von 1,25 Meter dürfen Sie senkrechte Schächte graben, sonst sind wie an der Baugrube Böschungen vorgeschrieben und ein 60 Zentimeter breiter lastfreier Streifen.

Fundament

Unsere Vorfahren stampften Lehm zu einer Sohle für das Haus und schichteten Steine als Fundament. Der Boden darunter gibt irgendwann nach, die Materialien lassen Erdfeuchte aufsteigen – Wände stehen schief, bröckeln oder modern. Heute gründet man Gebäude solide auf Beton, er zählt zu den beständigsten Baustoffen. Das Material wird gemischt aus natürlichem oder künstlichem Steingranulat und Wasser. Als Bindemittel fügt man Zement hinzu. Moderner Beton enthält darü-

Baugrube sichern und trocknen:

1. *Unwetterschäden legen den Bau lahm, bis der letzte Tropfen abgepumpt ist.*
2. *Planen verhindern Erdrutsch durch starken Regen.*
3. *Hohes Grundwasser wird gesenkt für die Bauzeit, Genehmigung einholen!*

ber hinaus Zusatzmittel und -stoffe, die ihn wasserundurchlässig oder hochfest machen, beständig gegen Erschütterungen oder Frost, sein Schwindmaß verringern oder die Wärmedämmung erhöhen. Baustellenbeton wird auf der Baustelle gemischt, Transportbeton kommt im LKW baufertig vom Betonwerk. Ortbeton wird auf der Baustelle verarbeitet, Betonsteine und -fertigteile entstehen in einem Werk, der Hersteller liefert sie in individuellen oder Standardmaßen an. Festigkeitsklassen geben die Tragfähigkeit an. Ortbeton für Außenbauteile muss mindestens Festigkeitsklasse B 25 aufweisen, Fertigteile aus dem Werk B 55.

Fundamente Hauswände, Decken und Dach, Menschen und Möbel belasten den Baugrund, das Fundament verteilt punktuellen Druck über die gesamte Gründungsfläche. Stützen, Pfeiler und schwere Einzellasten wie Kamine stellt man auf Einzelfundamente. Für senkrechte, tragende Wandbauteile baut man Streifenfundamente, ein Plattenfundament trägt das gesamte Bauwerk. Ist der Boden Ihres Grundstücks fest und bindig, reichen unter den tragenden Wänden Streifenfundamente und darauf eine 10 bis 15 Zentimeter dünne Betonplatte. Da man aber auf der vorbereiteten Baugrubensohle nicht mehr mit Fahrzeugen herumfährt (s. Seite 62), gräbt man die Fundamentgräben mit Spaten und Schaufel aus – mühsam und zeitraubend. Für einen Kubikmeter Aushub braucht man bis zu 4 Stunden, der Bauunternehmer lässt sich die Arbeit mit 19 Euro pro Stunde entlohnen.

Streifen oder Platte? Lassen Sie sich vom Architekten beraten, ob für Ihr Haus eine dickere Stahlbetonplatte wirtschaftlicher ist oder sogar notwendig. Auf schlechtem Baugrund verteilt eine Platte die Baulasten gleichmäßiger, in hohem Grundwasser bildet die Platte zugleich den Boden einer »wasserundurchlässigen Wanne« – mehr dazu auf Seite 68. Die Berechnung der Höhe und Breite von Fundamentstreifen und der Dicke der Bodenplatte überlassen Sie dem Statiker. Er berechnet die Werte nach seiner Erfahrung über das Baugebiet und in Abhängigkeit von Betonmischung, Bodenart und Dichte, Bodenschichten und dem vermutlich höchsten Stand des Grundwasserpegels. Es spielt auch eine Rolle, wie stark das fertige Gebäude den Untergrund zusammenpresst, aus welchen Materialien die Wände gebaut werden und wie dick man sie konstruiert.

Beton bewehren? Es gibt Fundamente nur aus Beton, man nennt sie unbewehrt. Beton mit Stahleinlage heißt Stahlbeton – er kostet und trägt mehr bei gleicher Dicke. Unter großen Lasten wie etwa Stützen müsste man ein unbewehrtes Fundament möglicherweise sehr breit anlegen. Um Beton zu sparen, treppt man es ab: Man baut aufwendige Schalen, in die man den Beton gießt. Viele Bauherren entscheiden sich gleich für Stahlbeton: häufig alles in allem die günstigere Lösung, weil sie mit schmaleren Fundamentgräben auskommt und mit geringeren Betonmengen. Das macht die höheren Kosten wett für die Stahlstäbe. Auf schlechtem Baugrund und für schwere oder komplexe Häuser mit Anbauten wird der Statiker Ihnen immer zu einem Fundament aus Stahlbeton raten.

Der erste Spatenstich: Ein Augenblick, den kein Bauherr vergisst. Bevor der Radlader anrückt: Schauen Sie aufs Wetter – der wertvolle Mutterboden sollte nicht verschoben werden in nassem Zustand oder während es regnet. Sonst verkommt er zu unbrauchbarer Matsche – das Baugesetzbuch schreibt den besonderen Schutz der Erdoberfläche vor.

Selber bauen nach Plan:
❶ Der Bauleiter weist die Bauherren ein in die Ausführungspläne des Bausatzes.
❷ Das Fundament wird gegossen, eine Platte verhindert ungleichmäßige Setzungen des Bauwerks.
❸ Kellerdecken aus Fertigteilen sind sofort begehbar, die Bauherren betonieren den Ringbalken.

Fundamenttiefe Die Mindesttiefe für Fundamente richtet sich nach der Klimazone: Wohnen Sie in einer Gegend mit überwiegend milder Witterung, heben Sie 80 Zentimeter Erde aus. Klirrt an Ihrem Wohnort winters tiefer Frost, sind bis zu 150 Zentimeter Aushub notwendig. Wichtig: Jede Stelle des Fundaments muss die frostfreie Tiefe aufweisen, beispielsweise auch Lichtschächte und die Außentreppe zum Keller.
Bodenplatte Unter Häusern mit kompliziertem Grundriss kommt eine Fundamentplatte oft günstiger als eine dichte Folge von Fundamentstreifen in unterschiedlichen Höhen, und sie verhindert am ehesten, dass sich das Haus ungleichmäßig setzt und sich dadurch Risse in den Wänden bilden. Die Stahlmatten zur Verstärkung müssen rundum von Beton eingeschlossen sein. Um das sicherzustellen und darüber hinaus aufsteigende Feuchtigkeit auszusperren, gießt man den Beton für die Bodenplatte nicht direkt auf die Erde der Grubensohle, sondern auf eine Sauberkeitsschicht. Sie besteht aus einer dicken PE-Folie (Polyethylen) auf einem Kiesbett oder etwa 5 Zentimeter dünnem Beton. Wer ganz sichergehen will, nimmt beides oder entscheidet sich für neuartige Noppenplatten aus Kunststoff. Der Stahl wird in Form von Matten auf die Sauberkeitsschicht gelegt, der Beton um die 20 Zentimeter dick aufgegossen.
Beton ordern Das Material liefert das Transportbetonwerk in Ihrer Nähe. Bestellen Sie lieber etwas zu viel Material als zu wenig, eine Nachlieferung verursacht höhere Kosten als Überschuss. Für die Menge multiplizieren Sie die Quadratmeter der Bodenplatte mit ihrer Dicke und addieren dazu gegebenenfalls Länge mal Breite mal Höhe der Fundamentstreifen – so viele Kubikmeter Beton benötigen Sie. Bauunternehmer sind versucht, überschüssigen Beton neben die Fundamentplatte zu schütten oder irgendwo aufs Grundstück – später die harten Brocken zu entsorgen, bedeutet für Sie Plackerei und Gebühr für den Schuttcontainer. Bereiten Sie Behälter vor für den Rest, zum Beispiel Mörtelwannen, und verarbeiten Sie ihn rasch zu Gehwegplatten, Sonnenschirmständern oder einem Fundament für die Wäschespinne.

Fundamentstreifen ausgießen Am besten arbeiten Sie in zwei Etappen: Zuerst Fundamentstreifen bewehren und betonieren, dann Armierung für die Bodenplatte auslegen, Schalung bauen und ausgießen – so trampelt man die Fundamentgräben nicht kaputt. Zweiter Vorteil: Sie staksen zum Betonieren der Fundamente nicht auf dem Baustahlgitter herum und vermeiden Unfälle. Übrigens: In alten Zeiten legten Bauherren Wacholderzweige ins Fundament, sie sollten das Haus bewahren vor Teufel und anderer Unbill. Die Wirkung ist nicht verbürgt, aber wer weiß: Vielleicht hilft Ihnen das Grün, die heiße Bauphase der nächsten Monate ohne Ärger zu überstehen.
Plattenhöhe festlegen Zur Begrenzung der Bodenplatte zimmern Sie eine Schalung, ihre Größe entnehmen Sie dem Fundamentplan: Entlang der Fluchtschnüre 10 bis 12 Zentimeter dicke Kanthölzer in den Boden rammen und Schalplatten oder Baudielen drannageln. Ihre Höhe entspricht sinnvollerweise der Dicke der Bodenplatte, dann lässt sich der frische Beton über die Schalungskante

Kellerbau: Eine doppelwandige Schale wird mit Beton ausgegossen und nach dem Trocknen entfernt. »Wasserundurchlässige Wannen« sperren drückendes Grund- oder Hangwasser aus.

Hausakte beweist Gebäude-Qualität

Sammeln Sie alle Dokumente über Ihr Haus in einer Hausakte, und dokumentieren Sie die Detail-Daten von Planung, Konstruktion und technischer Ausstattung. So behalten Sie den Überblick über Planung und Ausführung und spätere Veränderungen im Lebenszyklus des Gebäudes. Sollten Sie das Haus irgendwann einmal verkaufen, haben Sie als Zusatzargument eine komplette Liegenschafts-Dokumentation in der Hand.

tipp

eben abziehen – zumindest in der Theorie. Ohne zusätzliche Höhenmarkierungen modelliert man als Laie das Betonfeld zur Buckelpiste. Markieren Sie auf einem Stahlstab die Plattendicke und bitten Sie einen Helfer, ihn gerade (Kontrolle mit Wasserwaage!) in Dellen und Kuhlen zu stecken, während Sie die Masse einzuebnen versuchen – stressig. Für Heimwerker gibt es Laser-Wasserwaagen zu kaufen, aber eigentlich sollte man das Betonieren der Fundamentplatte Profis überlassen. Mit dem Einebnen ist es nämlich nicht getan: Der Beton muss verdichtet werden, fachgerechtes Rütteln und Stochern beseitigt Luftblasen. Der Firmenchef sollte zum Abschluss die Höhe des Belags mit einem Nivelliergerät kontrollieren.

Fundamenterder installieren Bevor der Betontransporter mit seiner rotierenden Trommel eintrifft, müssen Sauberkeitsschicht und Stahlmatten in ihren Positionen liegen – und der Fundamenterder, ein 26 oder 30 Millimeter breites und 3,5 oder 4 Millimeter dickes, verzinktes Stahlband. Man zieht mit ihm hochkant einen geschlossenen Ring auf dem Stahlunterbau für die Bodenplatte oder verlegt ihn in den äußeren Fundamentgräben auf Abstandshalter – Beton muss später den Fundamenterder rundum einschließen. Dort wo Sie den Hausanschlussraum vorgesehen haben und den Anschluss für den Blitzableiter, metallene Regenfallrohre und den Übergang der Fernmeldekabel ins Haus, klemmt man auf den Metallring senkrechte Bandstücke – Experten nennen sie Anschlussfahnen. Sie sollen nach dem Vergießen des Betons mindestens einen Meter über die Oberkante von Fundament oder Platte herausragen. Fundamenterder sind verrostet nichts mehr wert, korrodieren aber während der Bauzeit dort, wo sie aus dem feuchten Beton austreten. Man umwickelt den Bandstahl mit einem Schrumpfschlauch oder einer speziellen Binde, bevor der Fahrer mit dem Betonrüssel in die Baugrube zielt.

Schutz vor Stromschlag Der Einbau eines Fundamenterders ist vorgeschrieben zu Ihrer Sicherheit, er übernimmt den Hauptpotenzialausgleich elektrischer Anlagen. Elektrotechniker erklären Potenzial als Spannung zwischen je einem Mess- und Bezugspunkt – zum Beispiel der gusseisernen Badewanne und dem Erdboden. Der Potenzialausgleich ist eine elektrische Verbindung, die Körper elektrischer Betriebsmittel und fremde leitfähige Teile auf gleiches oder annähernd gleiches Niveau bringt. Ohne Fachchinesisch heißt das: Sie trifft nicht der Schlag, wenn sich Metallbauteile elektrisch aufladen. Ist der Beton erst auf der Baugrubensohle verteilt, sind Korrekturen nicht mehr möglich: Beauftragen Sie Ihren Elektromeister mit der fachlichen Begutachtung und Abnahme von Fundamenterder und Anschlussfahnen.

Keller

Die Bodentemperatur in 100 Zentimeter Tiefe beträgt zwischen 3 und 8 Grad Celsius – der Keller ist im Sommer kühl, im Winter vergleichsweise warm. Wenn Sie nur Heizkessel und Eingemachtes abstellen wollen, bauen Sie einen trockenen Abstellkeller. Sind Sie noch nicht sicher, ob Sie den Keller als Wohn- oder Hobbyraum nutzen wollen, oder sind schon Gästezimmer und Sauna darin geplant: Wählen Sie wärmedämmenden Baustoff oder montieren Sie eine Dämmschicht auf die Außenseiten. Kellerwände sind von dauerfeuchter Erde umgeben und lassen Bau- und Raumfeuchte nicht entweichen. Man bekommt den Keller nur durch Lüften trocken, über Fenster und Treppe.

Keller betonieren Betonkeller sind extrem belastbar, die Wände dicht und glatt. Sperrbeton ist dicht und lässt nur so viel Feuchte durch die Wand, wie innen verdunsten kann. Durch Risse und Fugen würde Wasser eindringen; Stahlbewehrung verhindert Schwindrisse, wasserdichter Sperranstrich schließt Arbeitsfugen. Auch mit wasserundurchlässiger Außendämmung ist Beton kalt, an der Oberfläche kondensiert im Sommer warme Raumluft – Schimmelgefahr!

Feuchteschutz Beton wird angemacht mit Unmengen von Wasser – Wände und Decken ohne Erdkontakt brauchen zum vollständigen Trocknen etwa fünf Jahre, Kellerbauteile unter Umständen noch länger. In Vorratskellern sperrt man die Feuchte der Betonsohle durch überlappende Schweißbahnen, die getränkt sind mit Bitumen, einem klebrigen und zähen Abdünstungsrest von Erdöl. Mineralischer Sperrputz statt Schweißbahn erfüllt dieselbe Funktion, neigt aber zu Rissen. Die Feuchtigkeitssperre bildet die Unterlage für eine 4 Zentimeter dicke Estrichschicht – mehr Infos über Estrich auf Seite 98. Der Fußbodenaufbau für Wohn- und Hobbykeller wird ergänzt durch eine 10 bis 15 Zentimeter dicke Wärmedämmschicht über dem Estrich und dem Fußbodenbelag.

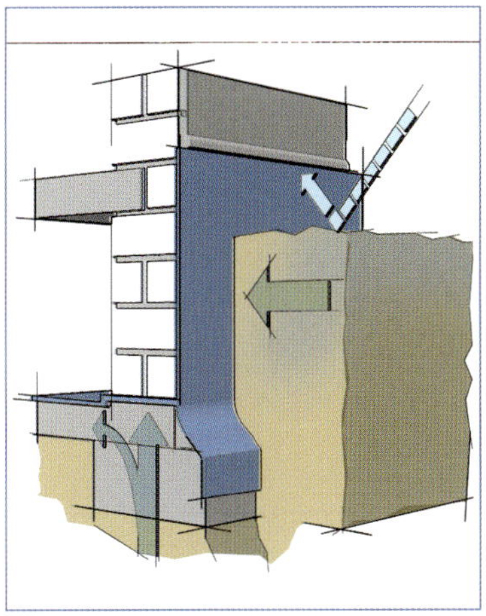

Den Keller abdichten unten und außen: die teuerste und beste Methode. Die Dichtung (blau) sollte mindestens bis 30 Zentimeter über das Erdniveau reichen.

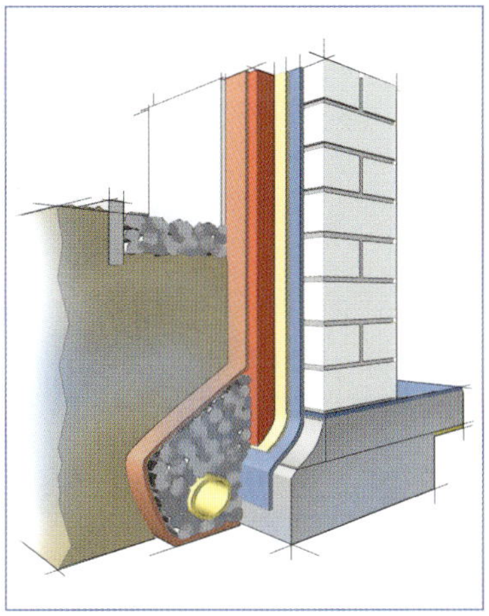

Dämmung (rot) von außen: Platten, oft aus Hartschaum, hüllen alles lückenlos ein. Drainagerohre (gelb) und Kiespackung führen Feuchte weg von den Kellerwänden.

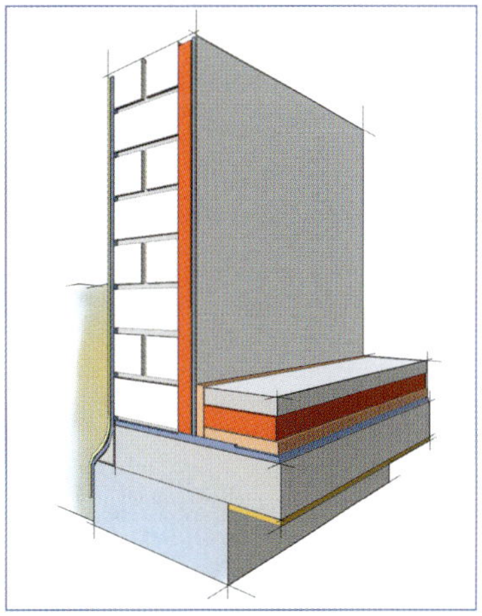

Innen dämmen geht auch noch nachträglich und kostet weniger als Außendämmung. Den Boden mit Folie abdecken, dämmen, dann Estrich verlegen oder gießen.

Preise Fundament und Keller	
Art der Arbeit	Preis in Euro
Einzelfundament, Stahlbeton mit Schalung, pro m^3	206
Streifenfundament, Stahlbeton mit Schalung, pro m^3	183
Fundamentplatte, Stahlbeton, Dicke 20 cm, pro m^2	30
Kalkstein-Wand, Planstein im Dünnbett, Dicke 36,5 cm, pro m^3	179
Hochlochziegel-Wand, Dicke 36,5 cm, pro m^3	215
Porenbeton-Wand, Planstein im Dünnbettmörtel, pro m^3	225
Stahlbetonwand mit Schalung, Dicke 25 cm, pro m^3	81
Lichtschacht, Betonfertigteil, 100 x 60 x 100 cm, pro Stück	255

Ein Fertigkeller verkürzt die Bauzeit

Montieren statt mauern: Kellerwand-Elemente aus Leichtbeton werden im Werk maßgenau hergestellt, an Ort und Stelle per Kran auf Fundamente oder Bodenplatte gehievt und dort verankert. Die Fugen zwischen den einzelnen Wandteilen vergießt man mit Beton. Die Elemente gibt es in Längen bis etwa 6,40 m und Höhen bis 2,62 m. Alternative: Betonräume von 3 x 5 m Größe zum Keller aneinander reihen.

tipp

Raumklima Baubiologen wie der Architekt Holger König aus dem bayerischen Gröbenzell raten ab von Dauerwohnräumen im Keller – es sei fast unmöglich, dort gesundes Raumklima zu schaffen. Als Hobby- oder zeitweiliger Arbeitsraum taugt ein Keller allemal. Voraussetzung: Eine Dämmschicht auf den Außenwänden betonierter Keller oder zumindest innen bremst den Wärmeverlust der beheizten Zimmer. Königs Alternativ-Vorschlag: Kellerwände errichten aus 36,5 Zentimeter starken Leichtziegeln. Sie kosten mehr, sparen aber die Wärmedämmung – und eignen sich im Gegensatz zu einem Betonkeller für Selbermacher.

Keller mauern Ein Ziegelkeller kommt teurer als ein Souterrain aus Beton. Das Ton-Material nimmt Feuchte auf und gibt sie rasch an die trockene Raumluft ab, reguliert also das Raumklima angenehmer. Die Wände dämmen ausreichend, ihre Oberflächen sind wärmer als Beton und weniger Raumfeuchte kondensiert. An der Außenfläche verhindert eine Feuchtigkeitssperre, dass sich das Mauerwerk voll saugt. In einem Ziegelkeller hält gelagertes Obst und Gemüse länger als in einem Betonkeller. Keller aus Beton-Hohlblocksteinen oder Kalksandsteinen sind preisgünstiger als Ziegelkeller, kalte Wandoberflächen und fugenreiches Mauerwerk gelten als nachteilig. Ganz gleich, welches Material Sie wählen: Für Vorratskeller genügen Lichtschächte, durch sie fällt von oben genügend Tageslicht ein. Für Wohnkeller gelten Fenster-Mindestmaße – Infos dazu in *start! Wir planen unser Haus* auf den Seiten 76 und 77.

Rohbau abdichten

Erdfeuchte dringt in Kellerwände und steigt hoch zu den Wohnräumen, waagerechte und senkrechte Sperren aus Bitumen oder Kunststoff dichten Keller aus Beton und Mauerwerk. In Böden mit nicht drückendem Wasser – das sind die meisten – schützen von unten: bituminierte Pappstreifen oder Kunststoffbahnen, Asphalt oder eine Bitumendickbeschichtung zwischen Bodenplatte und Kellerwand. Von der Seite sperren Bahnen, Anstriche oder Spachtelmasse die Feuchtigkeit. Undichte Stellen lassen sich später nur aufwendig ausfindig machen und beseitigen. Schwachstellen: Übergänge und Abschlüsse, Durchdringungen und Bewegungsfugen – kontrollieren Sie, ob sich waagerechte und senkrechte Sperren stets überlappen. Auch wichtig: Außenwände stehen auf dem Fundament mit leichtem Innenversatz – der horizontale Winkel muss abgerundet werden zur Hohlkehle, sonst staut sich Wasser darin. Fachgerechte Abdichtung zeigen die Skizzen auf Seite 67.

Sperrbeton Häuser nahe am Grundwasserspiegel, auf Hanggrundstücken mit stauendem Sickerwasser und in überschwemmungsgefährdeten Gebieten muss man abdichten gegen drückendes Wasser. Herkömmliche Betonwände benötigen eine Kellerabdichtung, die dem Wasserdruck widersteht: Man packt von den bituminösen Baustoffen (siehe oben) mehrere Lagen aufeinander – Fachleute nennen diese Konstruktion »schwarze Wanne«. Oder man errichtet eine »weiße Wanne« aus wasserdichtem Stahlbeton (WU-Beton). Er kommt in Bauteilen zur Baustelle, man muss nicht schalen – auf engen Grundstücken wirtschaftlicher. Rissgefährdete Häuser, etwa an stark befahrenen Straßen, unterkellert man mit »braunen Wannen« aus Beton mit Zusätzen, die unter dem Gebäudedruck ihr Volumen bis auf das 15fache vergrößern und so kleine Beschädigungen selbsttätig schließen.

Dränage

Durch nicht bindige Böden versickert Regen- und Tauwasser in die Tiefe. Füllt man den Arbeitsraum der Baugrube (siehe Zeichnung auf Seite 62) mit bindigem, festem Material, staut sich darin Sickerwasser und drückt gegen die Kellerwände. Eine Dränage leitet es vom Gebäude weg in wasseraufnahmefähige Bodenschichten oder einen Bach in Hausnähe – man spricht von passivem Feuchteschutz. Das Wasser tropft in gelochte Rohre aus Beton, Ton oder Kunststoff, ein Mantel aus Filtervlies verhindert, dass Erde in die Leitungen gelangt. Normalerweise genügt eine Ringdränage rund ums Haus, extrem feuchten Baugrund entwässert man zusätzlich mit einer Flächendränage.

Wände

Den ersten Mauerstein selbst zu setzen, lassen sich viele Bauherren nicht nehmen. Wem ganz feierlich zu Mute ist, der höhlt einen Stein aus und füllt ihn für Nachfahren mit aktuellen Schätzen wie ein paar Euro-Münzen, einer Zeitung und Hinweisen auf die Erbauer.

Hausecken markieren Das Errichten der Außenwände beginnt an den Hausecken: Nach Plan wird per Schnurgerüst und Senkblei die Außenecke ermittelt und mit je einem Nagel markiert – für gemauerte Keller in der Bodenplatte, auf betonierten Kellern in der Kellerdecke. Fluchtschnüre von Ecke zu Ecke legen die Außenseiten der Wände fest. Trotz professioneller Arbeit liegen Bodenplatte oder Kellerdecke nie absolut eben, die erste Steinreihe benötigt ein ausgleichendes Mörtelbett. Bezugspunkt ist der höchste Punkt auf der Platte oder Decke – Betonlieferant oder Bauleiter ermitteln ihn mit ihrem Nivelliergerät.

Ecksteine setzen Als Erster findet der Eckstein seinen Platz, der dem höchsten Punkt am nächsten liegt. Er wird, wie die restlichen Ecksteine und die gesamte erste Steinreihe, auf die eingemörtelte Feuchtigkeits-Sperrschicht gesetzt (siehe Seite 68). Drängen Sie den Maurer, überschüssigen Mörtel an Keller- und Hauswänden sofort zu entfernen. Wenn Sie selber mauern: Unterbrechen Sie Ihre Arbeit regelmäßig und suchen Sie die Flächen nach Graten und Mörtelspritzern ab. So haben Sie gleich saubere Oberflächen zum Abdichten und Streichen, Verputzen und Verfliesen. Sind die Batzen erst einmal angetrocknet, lassen sie sich nur noch mühselig entfernen.

Mauern fügen Die Steine richtet man aufeinander im Verband: Die Stoßfugen zwischen zwei Steinen müssen versetzt übereinander liegen, das Überbindemaß ergibt sich aus der Steinhöhe und beträgt zwischen 4,5 Zentimeter und einer halben Steinlänge – je größer, desto solider steht die Mauer. Verbauen Sie nach Möglichkeit ganze Steine, so

Die übliche Brüstungshöhe für Wohnraumfenster beträgt zirka einen Meter – so hoch sind vier Reihen Hochlochziegel oder fünf Blöcke Porenbeton. Wer Baustoff- und Fenstermaße aufeinander abstimmt, spart lohnintensives Teilen der Steine.

Lasermessung statt Wasserwaage und Lot ermöglicht Laien Millimeterarbeit mit Steinen und Mörtel.

Kanthölzer oder höhenverstellbare Stahlstützen im Halbmeterabstand tragen die Deckenschalung.

verringern sich die Fugenanteile und dadurch Wärmebrücken. Wer mit Dünnbettmörtel arbeitet, reduziert die Fugenfläche zusätzlich – Infos dazu in *start! Wir planen unser Haus* ab Seite 63.

Innenwände einbinden Innenwände verzahnt man gleichzeitig mit den Außenmauern, hier müssen beide aus demselben Material bestehen: Heiz- und Sonnenwärme dehnen Baustoffe aus, jeden um einen anderen Faktor – Anschlüsse zweier Steinsorten reißen. Oder Sie fügen die Innenwände später an die Außenwände mit stumpfem Stoß. Das geht schneller, und Sie können Materialien ohne Gefahr von Rissen kombinieren, beispielsweise Außenmauern aus leichtem, gut dämmendem Stein mit Innenwänden aus schwerem, schalldämmendem Baustoff. Weiterer Vorteil: Stumpf stoßende Innenwände bilden keine Wärmebrücken nach draußen.

Decken

Massive Decken dämmen Schall effektiver als Decken aus beplankten Holzbalken, die meisten Bauherren entscheiden sich für Platten aus Stahl- oder Leichtbeton. Die Geschossdecken bilden meist den größten Einzelposten der Baukosten, noch vor den Außenwänden. Spannt man sie von einer Wand auf eine zweite, benötigt man dicken Beton und viel Stahl. Mit drei oder vier Auflagepunkten für die Decken lassen sich Spannweiten verringern und Kosten sparen. Der Preisunterschied zwischen einer 20 und einer 16 Zentimeter starken Stahlbetondecke beträgt um 5 Euro pro Quadratmeter. Ein übliches Einfamilienhaus hat je 100 bis 130 Quadratmeter Deckenfläche über Keller- und Obergeschoss, die Ersparnis kann also zwischen 1000 und 1300 Euro ausmachen. Das setzt geschickte Grundrissplanung voraus – siehe *start! Wir planen unser Haus* ab Seite 52.

Decken gießen oder auflegen Schalbretter auf Stützen tragen Decken aus Ortbeton, bis das Material ausgehärtet ist. Der Bauleiter bestimmt, wann die Schalung entfernt werden darf – in der Regel nach drei bis acht Tagen und doppelt so viel, wenn die Außentemperatur zwischendurch unter 5 Grad Celsius sinkt. Frost verlängert die Trocknungszeit zusätzlich um die Dauer der Minusgrade. Währenddessen ruht Ihr Bau, berücksichtigen Sie die Wartezeit in Ihrem Bauzeitenplan – wie Sie die Bautermine planen, lesen Sie ab Seite 7. Betonwerke bieten 5 Zentimeter dünne Deckenplatten mit eingebauter Unterbewehrung an, ein Kran bugsiert sie zentimetergenau auf die tragenden Wände. Die Arbeiter verlegen Oberbewehrung darauf und füllen eine Randschalung mit Aufbeton bis zur endgültigen Dicke. Vorteil dieser so genannten Filigrandecken: Ihre Unterseiten sind glatt, sparen Putzmaterial und Arbeitslohn. Alternative: Fertigteile aus Porenbeton, es gibt sie in Stärken bis zu 24 Zentimeter. Die Rippen kommen maximal 150 Zentimeter breit und 7 Meter lang auf die Baustelle. Man muss nur noch die Verlegefugen vermörteln, das schaffen auch wenig geübte Selbermacher.

Ringanker einbauen Ringanker oder Ringbalken rundum auf den Außenwänden halten die Außenwände zusammen und verhindern, dass sie unter Erd- oder Winddruck nach außen oder innen kippen. Diese Betonstreifen oder Balken sind notwendig unter jeder Geschossdecke in Häusern mit mehr als zwei Vollgeschossen und über Wänden, deren Fensterbreiten zusammengezählt über 60 Prozent der Wandbreite betragen. Sind Glasflächen breiter als zwei Drittel der Geschosshöhe, darf deren Breite nur 40 Prozent der Wandbreite betragen. Klingt kompliziert, ist aber ganz einfach: Eigentlich müssen Sie Außenwände immer mit Ringankern klammern.

Massive Treppen

Die Bauordnung unterscheidet zwischen notwendigen und nicht notwendigen Treppen. Die Stufen zwischen Erd- und Obergeschoss zum Beispiel gelten als notwendig, sie müssen mindestens 80 Zentimeter breit und mit einem Handlauf versehen sein. Holz- oder Stahltreppen gehören zum Innenausbau; wer sich eine solche Treppe wünscht, hat noch ein wenig Zeit zum Aussuchen. Massive Treppen wie die in den Keller zählen zum Rohbau, sie

werden vor Ort betoniert oder aus Fertigteilen gefügt. Vor Ort formen Sie Frischbeton zu Stufen zwischen schräger Holzschalung und senkrechten Brettern – Sie benötigen hierzu Profi-Unterstützung. Lassen Sie Bauleiter oder Polier prüfen, ob die Schalung dem Betondruck Stand hält, sonst rutscht die ganze Masse über die Schräge nach unten. Zeigen Sie ihm auch die Armierung, bevor Sie Beton darüberkippen – die Eisen müssen in Schlitze geführt werden, die in der Außenwand und einer abgetreppten Parallelmauer sitzen. Für Treppen ohne Seitenwände brauchen Sie unten und oben Anschlusseisen.
Fertigtreppe Scheint Ihnen das zu kompliziert, lassen Sie zusammen mit der Kellerdecke eine fix und fertige Stahlbetontreppe anliefern, die lässt sich ohne Seitenwände auf Bodenplatte und Kellerdecke verankern. Kompromiss: Fertigstufen aus Porenbeton. Sie brauchen Auflager rechts und links – die beiden Wände blockieren aber vielleicht Keller- oder Wohnfläche.

Dachstuhl

Wenn Sie ein Bauträger-Haus kaufen, studieren Sie die Baubeschreibung – sie muss alle Dachkomponenten enthalten und exakt bezeichnen: Dachform und Tragwerk, Grundriss und Neigung, Deckmaterial, Deckungsart und Dachentwässerung.
Holz aussuchen Der Zimmermann bereitet den Dachstuhl in seiner Werkstatt vor – traditionell zeichnet er auf dem Schnürboden, einer planebenen Fläche, alle Holzteile in Originalgröße auf, schneidet sie zu, hobelt die Oberflächen und imprägniert sie mit Holzschutzmittel gegen pflanzliche und tierische Schädlinge wie Pilze und Insekten. In Hightech-Zimmereien ermitteln computergestützte Zuschnittmaschinen Holzmaße und Schnittwinkel. Arbeitet der Zimmermeister sorgfältig, muss er auf der Baustelle nichts nachschneiden. Falls doch: Kontrollieren Sie, ob er alle nachträglichen Schnittflächen neu imprägniert. Ideal wäre zwei bis drei Jahre an der Luft ausgetrocknetes Bauholz. Lagerzeit kostet, Billigangebote sind noch feucht. Frischholz trocknet nach dem Einbau und reißt, in den Rissen siedeln sich Pilze an. Leisten Sie sich hochwertiges, kammergetrocknetes Bauholz. Legen Sie in der Ausschreibung fest, dass seine relative Feuchte maximal 12 bis 14 Prozent betragen darf.
Holzschutz Wenn möglich, plant man das Aufstellen des hölzernen Dachstuhls für die trockenen Frühjahrs- oder Herbstmonate. Auch dann kann eine Regenperiode die Bauarbeiten verzögern: Niederschlag wäscht Holzschutzmittel aus den Balken, zu erkennen an farbigen Pfützen auf der Decke des Obergeschosses – Sie müssen nachimprägnieren. Müssen? Bauherren mit Wunsch nach einem gesunden, natürlichen Haus lehnen chemischen Holzschutz ab. Er ist vorgeschrieben für alle tragenden und aussteifenden Bauteile eines Hauses. Es gibt aber eine Reihe von Möglichkeiten, die Vorschrift zu umgehen – fragen Sie Ihren Architekten: Durch geschickte Planung, Beachtung der Gefährdungsklassen (GK) und der erforderlichen Holzwerkstoffklassen für Wohnbauten kann auf zusätzlichen chemischen Holz-

Je komplexer die Dachform, desto genauer sollte man alle Anschlüsse auf Dichtigkeit prüfen.

Dächer für Gemütliche und Eilige:
❶ *Herkömmlicher Dachstuhl, vom Zimmermann aus Holz gefügt.*
❷ *Massives Dach aus industriell gefertigten Porenbeton-Elementen.*

Den Rohbau abnehmen lassen

In einigen Bundesländern müssen Bauherren den Rohbau amtlich abnehmen lassen. Ein staatlicher Vermesser prüft, ob das Gebäude nach Lageplan auf dem Gelände steht. Ein Vertreter der Baubehörde untersucht den Rohbau auf Mängel, der Kaminkehrer den Schornstein: auch ohne Pflicht eine preiswerte Chance, Pfusch auf die Schliche zu kommen. Bis Reparatur – oder Abriss – verhängt die Behörde einen Baustopp.

info

schutz verzichtet werden. Legen Sie eventuell schriftlich einen Gewährleistungsausschluss fest für den Baustoff – keinesfalls für die Konstruktion oder das gesamte Gebäude.

Abbund In machen Gegenden sollten Sie in der Nacht vor der Lieferung gut auf Ihren Firstbalken aufpassen – nach altem Brauch hat Anspruch auf Auslöse in Form von Bier und Mahlzeit, wer ihn stiehlt und zur Baustelle karrt. Vereinbaren Sie mit dem Zimmerer einen Samstag als Liefertermin: Aus dem Firstbaumklau ergibt sich stets ein lustiger Vormittag mit zunächst zähen Verhandlungen und der Drohung, den Balken wegen Geiz des Bauherrn zu kappen. Haben die diebischen Freunde, Arbeitskollegen oder Vereinskameraden schließlich doch geholfen, den Balken auf seinen Platz zu wuchten, klingt die Aktion mit Musik und dem erpressten Imbiss aus. Zimmerleute bezeichnen das Zusammenbauen der Hölzer als Abbund. Diese Arbeit und die Verankerung auf Wänden und Giebeln erfordert Teamwork. Ersetzt Ihre Mithilfe einen Gesellen, sparen Sie ungefähr 16 bis 17 Euro Arbeitslohn pro Stunde. Das Aufstellen dauert in der Regel einen Tag. Solange das Deckmaterial fehlt, verfolgen Sie den Wetterbericht. Ziehen Regenwolken auf, sollten Sie – auch wenn es viel Arbeit bedeutet – das Feuchtigkeit aufnehmende Holz mit Plastikplanen trocken halten.

Massivdach Statisch ist ein hölzerner Dachstuhl stabil, wiegt aber wenig und hat trotz Dämmschichten und Deckungsmaterial wenig Masse. Diese dämmt an stark befahrenen Straßen und in Flugschneisen Außenlärm nur mäßig, das stört in den Wohnräumen unter der Schräge. Massivdächer kosten mehr, aber Nerven sind unbezahlbar. Dachfertigteile aus Leichtbeton, Lochziegeln oder Stahlbeton dämmen Schall besser. Die rechteckigen Elemente lassen sich parallel zu Traufe oder Giebel verlegen. Sie schließen am First, dem höchsten Punkt des Dachs, stumpf aneinander an oder werden mit Firstreitern verbunden. Ist der hölzerne Dachstuhl aufgeschlagen oder liegen die Massivplatten in Position, feiern Sie das Richtfest – Tipps dazu finden Sie auf den Seiten 46 und 47.

Dämmung

Auf massiven Dächern ist oft eine Wärmedämmung nicht notwendig. Die Schräge wird ohne Zwischenschicht gedeckt mit Ziegeln oder Betonsteinen, Schiefer, Reet oder Holzschindeln, abhängig von Region und Vorschrift. Holzdachstühle müssen gedämmt werden, wenn man sie bewohnen will: Dachdämmung legt man von außen auf die Sparren, klemmt sie von der Hausinnenseite aus in die Felder zwischen den Sparren oder montiert sie unter die Hölzer.

Auf Sparren Aufsparrensysteme sind die teuerste Methode. Sie hüllen das Holz ganz ein und halten Wärme lückenlos zurück in den Räumen. Der Nachteil: Das Dach wird höher und damit klobiger. Es gibt verschiedene Systeme, die meisten Produkte bestehen aus Hartschaum- oder Mineralwollplatten. Sie werden einlagig Stoß an Stoß verklebt oder mit Nuten und Federn verbunden. Für Laien ist die Montage auf den Sparren erlernbar, eignet sich aber nur für Schwindelfreie.

Zwischen Sparren Dämmung zwischen den Sparren ist preisgünstiger, Selbermacher brauchen nicht auf dem Dach herumzuturnen, und die Arbeit lässt sich unabhängig vom Wetter erledigen. Am häufigsten werden aufgerollte Bahnen aus Mineralwolle und Steinwolle-Platten eingesetzt. Eine Unterspann-Folie schützt von außen Sparren und Dämmung vor Feuchtigkeit von Niederschlägen, auf der Innenseite muss man die Konstruktion vor Raumfeuchte bewahren – feuchte Dämmung versagt den Wärmeschutz. Deshalb ist zwischen Dämmung und Wandbekleidung (tapezierte Gipskartonplatten, Holzprofile) eine Dampfsperre nötig, außer man dämmt mit Schafwolle. Mineralfasermatten kauft man mit fix und fertig aufkaschierter Alu-Schicht, vor andere Dämmstoffe hängt man eine separate, zwei Millimeter dicke Kunststoff-Folie. Sie dichtet auch gegen Wind ab: Mit speziellem Klebeband werden die Stoßkanten zweier Bahnen und Risse überbrückt. An Durchbrüchen für Kamin und Fenster, Solarkollektor-Rohre und Lüftungsanlage wird die Folie über jede Anschlussnaht gezogen und mit Dichtungsband fixiert. Wer Vorbehalte hegt gegen »Wohnen in der Plastiktüte«, bremst Wind mit Kraftpapier statt Dampfbremse – auch solch »biologisches« Windschutzpapier muss die Schräge nahtlos umhüllen.

Lückenlose Verlegung Dämmung und Dampfsperre müssen lückenlos verlegt sein – eine mühselige Arbeit, besonders wenn die Sparren für einen Sichtdachstuhl nicht verborgen werden sollen: Steifes Material sperrt und verkantet sich in den Gefachen, weiches verrutscht immer wieder. Allein haben Sie bald größte Lust, alles hinzuschmeißen. Holen Sie sich von Ihrem Partner/Ihrer Partnerin oder einem begabten Freund Trost für die Seele und Hilfe für die Hände.

Schichten teilen Die Energieeinspar-Verordnung (Näheres siehe *start! Wir planen unser Haus* ab Seite 86) schreibt keine Dämmstoff-Dicken vor. Aber wer an anderer Stelle im Haus Energieverlust in Kauf nimmt, muss das Dach vielleicht stärker dämmen. Für voluminöses Material zwischen den Sparren benötigen Sie Hölzer mit großem Querschnitt. Spar-Trick: Mit dem kleinsten Sparrenquerschnitt bauen, der konstruktiv notwendig ist – und die Dämmung in zwei Schichten teilen: ein Teil zwischen die Sparren heften und ein Teil darunter.

Unter Sparren Zwei Schichten zu verlegen heißt doppelte Arbeit. Eine Dämmung unter Sparren reduziert zwar die Stehhöhe, ist aber viel rascher montiert: Platten mit gefalzten Stößen hängt man in Befestigungskrallen, Dämmfilze mit überstehenden Folienrändern tackert oder klebt man an den Sparren fest.

Deckung

Die Dachdeckung soll vorrangig Niederschlag zuverlässig von der Konstruktion fortleiten und sie vor Wasser, Wind und Flugschnee bewahren. Vereinbaren Sie mit dem Dachdecker die Ausführung

Für ein Fertighaus kommen gedämmte Dachelemente aus dem Werk, auf konventionell errichteten Häusern fügt man den Dachstuhl vor Ort und schließt ihn Schicht für Schicht. Unabhängig von der Bauart schützt man alle Dachfensteröffnungen mit Planen, bevor die Ziegel oder Dachsteine von Hand zu Hand fliegen.

der Arbeiten nach Teil C der VOB (Verdingungsordnung für Bauleistungen, s. Seite 24) – sie enthält allgemeine technische Vorschriften und die Fachregeln des Dachdeckerhandwerks.

Materialwahl Die Deckung muss zu Dachkonstruktion und Dachneigung passen. Um das Dach besonders dicht zu machen, wird manchmal unter die Dachhaut ein zweiter Schutzschild gebaut, das Unterdach. Früher bestand es aus einer Holzschalung, heute aus Folie. Anhaltspunkte für Material und Form: Dächer ohne Unterdach lassen sich ab 22 Grad Neigung mit Betondachstein oder Flachdachpfannen decken, ab 25 Grad mit künstlichem Schiefer aus Faserzementplatten oder Naturschiefer. Holzschindeln halten dicht ab 27 Grad Dachneigung, Biberschwanzziegel ab 30 Grad, Hohlpfannen ab 35 Grad, Reet ab 45 Grad. Für Dächer mit Unterdach gelten modifizierte Werte: Betondachsteine und Flachdachpfannen liegen schon dicht auf Neigungen ab 12 Grad, Faserzementplatten ab 15 Grad, Falzziegel ab 22 Grad, Biberschwänze und Hohlpfannen ab 27 Grad. Mit Bahnen aus Kupfer oder Zink lassen sich Dächer über 5 Grad Neigung belegen. Betrachten Sie Ihren Bauplatz mal von einer Anhöhe aus oder vom Kirchturm, der Pfarrer lässt Sie rauf gegen eine kleine Spende für die Orgel. Betrachten Sie von dort oben das ganze Dorf oder Ihr neues Wohnviertel. So merken Sie, welche Materialien und Farben auf Ihr Dach passen und was die wohltuende Einheit stört.

Kritische Stellen Holzschindeln und Schieferrhomben werden auf die Dachlatten genagelt, Riedgras drangebunden. Ziegeln und Betonsteinen formt man im Werk Nasen auf die Unterseiten, an denen der Dachdecker diese so genannte harte Bedachung in die Querlatten hängt. Braust ein Orkan übers Land, fliegen die Ziegel weg – als Erstes von Häusern in Höhenlagen, dann von komplizierten Dachformen. Sein Sog findet Angriffsfläche an Dachkanten und Ecken, First und Kaminkopf und am Rand von Pultdächern. Dort krallt der Dachdecker mit rostfreien Klammern, Schrauben oder Nägeln jeden einzelnen Ziegel zusätzlich fest. Hoffentlich – lassen Sie die Befestigungen kontrollieren von Ihrem Bauleiter.

Preise: Dachdeckung

Material pro m²	Preis in Euro
Betondachstein mit Unterkonstruktion, Unterspannbahn, First, Befestigungsmitteln	34
Tonziegel ohne Glasur, mit Unterkonstruktion, Unterspannbahn, Sonderziegeln, First, Befestigungsmitteln	43
Faserzementplatten, mit Unterkonstruktion, Unterspannbahn, Be-/Entlüftung, First, Abschlussprofilen, Befestigungsmitteln	72
Zink, auf Vollschalung, Bitumenpappe, mit Anschlüssen und Befestigungsmitteln	102
Schiefer, auf Vollschalung, Bitumenpappe, mit Anschlüssen und Befestigungsmitteln	107
Holzschindeln, mit Unterkonstruktion, Unterspannbahn, Be-/Entlüftung, First, Abschlussprofilen, Befestigungsmitteln	117
Kupferblech, auf Vollschalung, Bitumenpappe, mit Anschlüssen und Befestigungsmitteln	154

Feinarbeiten

Wo Bauteile wie Kamin oder Sanitärentlüftung die Dachhaut durchdringen, tropft Regen hinein. Kragen aus Kupfer oder Zinkblech machen Übergänge wetterfest. Entscheiden Sie sich für eines der Materialien, ein Mix führt zu Bauschäden. Kaminkopfverwahrung aus Kupfer mit Dachrinne und Fallrohr aus Zink zum Beispiel leitet Elektrolyse ein, einen Zersetzungsprozess.

Dachüberstände verschalen In schneereicher Gegend zieht man Dächer weit über die Außenwände. Nut- und Federbretter sollen für eine schöne Untersicht vor der Montage vollständig lackiert werden, sonst zeigen sich nach Quellen und Schwinden des Naturmaterials hässliche, farblose Streifen.

▶ **Bauschäden-Datenbank: Die häufigsten Mängel mit Merkmalen und Gegenmaßnahmen unter www.haus.de/bauschaden**

Der Rohbau steht – was sollten wir kontrollieren?

Viel ist passiert in den letzten Wochen, eine Menge Handwerker haben die Haushülle Stück für Stück hochgezogen. Ein Rundgang klärt: Wertarbeit oder Pfusch? Folgende Punkte können auch Laien ohne besonderes Fachwissen prüfen.

Baugrube

1. *Beträgt der Böschungswinkel 45 oder 60 Grad?* ❍
2. *Sind die Böschungswände mit Plastikfolie gesichert gegen Abrutschen nach starken Regenfällen?* ❍

Baustelle

1. *Der Bauzaun steht noch stabil, »Betreten verboten«-Schilder hängen noch an ihrem Platz.* ❍
2. *Jeder Handwerker hat den Rohbau aufgeräumt, Müll entsorgt, nichts in den Arbeitsraum der Grube geworfen.* ❍

Fundamente

1. *Fundamentstreifen und/oder Bodenplatte sitzen in frostfreier Tiefe, je nach Plan 80 bis 150 cm.* ❍
2. *Fundamente für die Garage und spätere Anbauten (Wintergarten, Gartenhütte) sind schon verlegt.* ❍

Erdung

1. *Die Anschlussfahne des Fundamenterders reicht in den Hausanschlussraum.* ❍
2. *Der Wandaustritt der Fahne ist mit Bandagen geschützt gegen Korrosion.* ❍

Keller

1. *Der Übergang von Bodenplatte zur Wand wurde als Hohlkehle ausgeführt.* ❍
2. *Abdichtung der Außenwände führt 30 cm über die Geländeoberfläche.* ❍
3. *Zwischen Doppel- und Reihenhäusern: Die Trennwände im Kellergeschoss sind von einer durchgehenden Fuge getrennt, und Schutzmatten verhindern, dass Mörtel hineinfällt, der später Schall überträgt.* ❍

Lichtschächte

1. *Die Abdichtung an den Kelleraußenwänden ist nach Montage der Lichtschächte unverletzt.* ❍
2. *Lichtschächte und höchste Stufe der Kelleraußentreppe ragen zum Schutz gegen das Einlaufen von Hochwasser mindestens 10 cm über die Geländeoberfläche.* ❍

Decken

1. *Die Geschossdecken sind eben, Lage und Größe der Durchbrüche stimmen mit den Werkplänen überein.* ❍
2. *Die Decken wurden in der vorgeschriebenen Dicke betoniert oder geliefert.* ❍

Wände

1. *Die Lieferscheine für Baumaterial entsprechen den Vorgaben der Leistungsbeschreibung.* ❍
2. *Wände, Öffnungen, Ecken und Leibungen, Schornstein und Pfeiler stehen senkrecht.* ❍

check

Außenhaut: Türen, Fenster und Fassade

Offen für Licht und Luft, knauserig mit Wärme

Feste Verglasung ist preiswerter zu haben als Flügel zum Öffnen. Wählen Sie Glasformate, die sich auf ihrer Außenseite ohne Kletterpartien putzen lassen. In Dachräumen ist das besonders wichtig.

Fenster gelten als Teil der Außenwand: Bauphysikalisch gesehen, müssen beide zusammen kostbare Wärme im Haus und Lärm draußen halten. Die Landesbauordnungen schreiben für alle Aufenthaltsräume Fenster vor, die außerdem ausreichend Tageslicht und Frischluft ins Gebäude holen. Wie viel Glas Sie einbauen, bestimmen seine Lichtdurchlässigkeit, die Verschattung durch Nachbargebäude und die Himmelsrichtung. Faustregel: Fenster sollen mindestens halb so breit sein wie der Raum.

Fenster

Für einen Quadratmeter Fenster zahlen Sie bis zu viermal so viel wie für einen Quadratmeter Außenwand. Raumhohe Verglasung kann trotzdem Baukosten reduzieren; Sie sparen Stürze, Brüstungen und kompliziertes Abmauern und Dämmen von Heizkörpernischen. Ein Viertel der Fensterkosten machen die Scheiben aus, drei Viertel Rahmen und Beschläge – Infos über Isolier- und Wärmeschutzglas und die Vor- und Nachteile unterschiedlicher Rahmenmaterialien finden Sie in *start! Wir planen unser Haus* ab Seite 46.

Feste Verglasung In der Außenwand fixierte Scheiben und Fenster mit fest stehenden Flügeln lassen sich nicht öffnen, sie belichten Räume am preisgünstigsten: Sie haben im Vergleich zu Fenstern mit beweglichen Flügeln einen geringeren Rahmenanteil und kommen ohne aufwendige Mechanik zum Drehen oder Kippen aus. Zudem schließen sie die Gebäudehülle zugdicht.

Dreh- und Kippflügel Fenster und Türen mit Drehflügeln öffnen sich vertikal um die Achse des seitlichen Anschlags, Kippflügel schlagen unten am Blendrahmen an. Wie gut sie funktionieren und wie lange, hängt ab von der Fenster- oder Türkonstruktion, von der Qualität der Materialien und der Verarbeitung – und von ihrer Proportion. Dreh- oder Kippbeschlag eignet sich am besten für kleine Fenster. Der Grund: Isolier- und Wärmeschutzglas wiegt viel. Besonders bei geöffneten Dreh- oder Kippflügeln belastet ihr Gewicht Rahmen und Beschläge, je breiter und niedriger die Flügel, desto stärker. Als ideale Form gilt ein hochformatiges Rechteck, das perfekte Maß pro Fensterflügel beträgt 80 Zentimeter Breite und 130 cm Höhe. Wer mehr Glasfläche wünscht, reiht Flügel neben- oder übereinander. In zweiteiligen Fenstern lässt man Flügel bis 80 cm Breite in der Mitte aneinander anschlagen als Stulpkonstruktion. Sie sieht elegant aus und lotst mehr Licht in den Raum. Für breitere Flügel baut der Schreiner einen senkrechten Setzpfosten in die Rahmenmitte. Der separate Anschlag stabilisiert die Konstruktion und macht sie rustikal, manchmal auch klobig. Aufwendige Beschlagtechnik kombiniert Dreh- und Kippmechanik. Sie funktioniert nur an hochformatigen Flügeln bis 150 cm Breite, trägt Flügel bis maximal 130 Kilogramm Gewicht. Früher musste man Schieber einrasten, Klemmen lösen oder Hebel umlegen und dann am Griff drehen, bevor sich Fenster oder Terrassentür kippen ließen. An modernen Einhandbeschlägen reicht ein Dreh.

Schwing- und Wendeflügel Fensterflügel zum Schwingen drehen sich horizontal, Wendeflügel vertikal um eine Mittelachse. Je höher oder breiter das Fensterformat, desto weiter ragt dann der Flügel in den Raum – unter Umständen liegen Rahmenkanten und -ecken in Augenhöhe. Bevor Sie eine ständige Gefahrenquelle einbauen: Entscheiden Sie sich für Fenster mit anderer Öffnungsart. Schwing- und Wendeflügelbeschläge erlauben, die Scheibe in jedem Winkel zu arretieren und zum Putzen um 180 Grad zu drehen. Fallen Sonnenstrahlen ins Zimmer, blockieren die auskragenden Scheiben innen Vorhänge und außen Roll- oder Klappläden – als Sonnenschutz eignen sich nur Markisen an der Außenwand.

Schiebeflügel Der größte Vorteil vorweg: Geöffnete Schiebefenster und -türen ragen nicht in Zimmer und Garten, wo sich Ihre Kinder beim Herumtoben verletzen könnten. Vertikalschiebefenster öffnen Sie nach oben, man sieht das oft in amerikanischen Spielfilmen. Bei uns sind Horizontalschiebeflügel gebräuchlicher, sie öffnen zur Seite. Solange das Fenster, die Balkon- oder Terrassentür geschlossen ist, sitzen die Rahmen der beiden Fenster- oder Türhälften bündig nebeneinander. Ausgeklügelte Beschlagtechnik presst den beweglichen Flügel winddicht an Blendrahmen und Schwelle. Betätigen Sie den Griff, hebt die Mechanik das Fenster oder die Tür aus dem Falz in eine Führungsschiene, auf der Sie auch schwere Flügel ohne viel Körperkraft zur Seite bewegen.

Innerer Anschlag Verglaste Fensterflügel sitzen beweglich im Blendrahmen – man nennt ihn auch Stock oder Zarge. Die Festverglasung wird darin fixiert. Es gibt drei Möglichkeiten, den Rahmen in die Wandöffnung des Rohbaus zu montieren. In den meisten Häusern baut man die Fenster stumpf ein, »ohne Anschlag«: Fensterbank, Sturz und die senkrechten Innenseiten der Wandöffnung – die Leibung – werden jeweils als gerade Flächen ausgebildet. Das ist für Architekt und Maurer konstruktiv am einfachsten, für den Bauherrn die preisgünstigste Lösung. Für Fenster »mit Anschlag« wird in die Leibung ein Steinrahmen von 12,5 Zentimeter Breite und Tiefe gebaut. Das Maß ergibt sich aus dem längs halbierten oder gedrittelten Steinformat der Außenwand oder speziellen Anschlagsteinen. Sitzt der steinerne Rahmen bündig zur Außenwand, zeigen die Innenseiten des Winkels zum Raum – dann handelt es sich um eine Leibung mit »innerem Anschlag«. Er bringt bauphysikalische Vorteile für Fassaden mit Außendämmung. Sie sitzt später auch vor dem Fensterrahmen und schützt ihn zusätzlich vor Wärmeverlust. Fenster ohne Anschlag und mit innerem Anschlag putzt man bequem und sicher vom Zimmer aus.

Äußerer Anschlag An einer Leibung mit »äußerem Anschlag« sieht man den Winkel nur, wenn man draußen vor dem Haus steht, der Steinrahmen verläuft bündig zur Innenwand. In solche Leibungen baut man von der Außenseite Fenster ein, deren Flügel sich nach außen öffnen. Sie pressen sich dicht gegen die Rahmen, wenn Wind und Wetter gegen die Fassade drücken – so lässt sich Zugluft vermeiden in stürmischen Küstengebieten. Nachteile: Öffnen die Fenster nach außen, kann man hinter geschlossenen Roll- oder Klappläden nicht lüften, und zum Fensterputzen müssen Sie sich ins Freie bequemen.

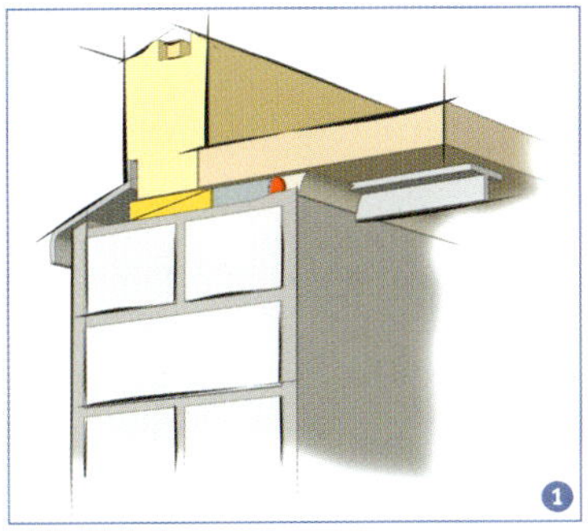

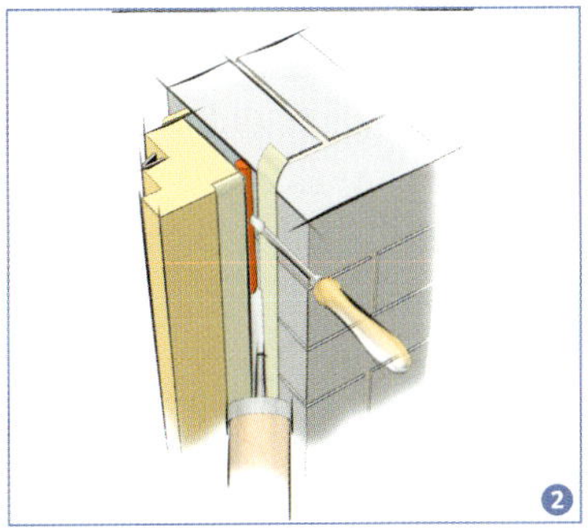

Draußen Kälte, drinnen warm:

1 Hohlräume unterm Fenstersims öffnen Feuchte und Wind den Weg in das Haus. Dichtschaum oder Mineralwoll-Stücke unterbrechen diese Wärmebrücke.

2 Nach der Fenstermontage schließt man den Spalt zwischen Wand und Rahmen mit einem Hinterfüllprofil und verfugt die Nahtstelle von außen und innen mit Dichtmasse. Auf der Raumseite sieht eine Holzleiste in Rahmenfarbe aber oft schöner aus.

Montage Den Fenstereinbau können Sie in Eigenleistung erledigen, wenn das erste Fenster ein Fachmann einsetzt und Sie ihm dabei aufmerksam über die Schulter gucken. In einschaligem Mauerwerk positionieren Sie die Fenster etwa mittig in die Leibung. Trägt das Haus eine Außendämmung, sollen die Fenster in ihrer Ebene liegen. Möchten Sie das Fenster tiefer in die Leibung rücken, müssen Sie die Dämmschicht rundum hineinziehen bis vor den Blendrahmen – sonst bauen Sie hier Wärmebrücken. Der Abstand zwischen Leibung und Blendrahmen beträgt 10 bis 20 Millimeter. Fixieren Sie ihn mit Holzklötzchen und Keilen, und richten Sie den Rahmen mit der Wasserwaage exakt aus, damit es nachher nicht zieht. Maßarbeit vom Schreiner und Industrieprodukte in Standardformaten lassen sich auf unterschiedliche Art mit der Außenwand verbinden: Montagebleche befestigen Sie am Rahmen und verankern diese im Mauerwerk, oder Sie dübeln den Rahmen fest. Dichtmaterial zwischen Leibung und Rahmen verpasst ihm den letzten Halt. Montageschaum dehnt sich aus, während er trocknet, die Fuge schließt dicht. Herausgequollenes Material schneiden Sie ab, wenn der Kunststoff ausgehärtet ist. Herstellung, Verarbeitung und Entsorgung von Montageschäumen nagt umweltbewussten Bauherren am Gewissen. Sie stopfen daher die Fuge mit Mineralwolle oder Hanfzöpfen aus und sperren das saugende Material auf der Außenseite und innen mit einer Dampfbremse gegen Feuchtigkeit. Wie Sie die Spalte zwischen Mauerwerk und Rahmen und unter der Fensterbank abdichten, zeigen die Zeichnungen auf Seite 77.

Sonnenschutz

Glasflächen sammeln tags Sonnenwärme, lassen sie nachts wieder ins Freie. Rollos und Markisen helfen gegen Sommerhitze, dämmen aber Fenster nicht, dafür brauchen Sie Roll- oder Klappläden. Ein Qualitäts-Außenrollo mit Seil, 120 x 120 Zenti-

Schatten draußen und drinnen

Schattenspender von innen kosten weniger als außen montierte und müssen nicht wetter- und sturmsicher sein. Sonnenschutz im Freien lenkt Wärme ab, bevor sie das Glas passiert – der Raum bleibt kühler. Große Rollos oder Markisen auszukurbeln, kostet Kraft. Ein Elektro-Antrieb lässt sich koppeln mit Wind- und Lichtwächter und fernbedienen – Sie täuschen Anwesenheit vor, während Sie am Urlaubsstrand liegen.

info

Sonnenschutz:
❶ Rollladen auf dem Fensterrahmen
❷ Motorbetriebene Holzjalousien
❸ Markisen rollen aus dem Türrahmen
❹ Stoffbahn fährt auf Armen aus
❺ Laubengang verschattet im Sommer, lässt im Winter Sonne ins Haus.

meter groß, kostet um 400 Euro, ein Innenrollo gleicher Größe aus Baumwolle um 52 Euro. Ein Rollladen dieser Größe aus Kiefernholz in einem Fertigkasten ist für 290 Euro zu haben, in Kunststoff-Ausführung kostet er ab 115 Euro aufwärts. Zwei hölzerne Klappläden für ein 120 x 120 Zentimeter großes Fenster kosten zusammen um 300 Euro. Eine 300 x 250 Zentimeter große Markise mit Gelenkarm und Kurbel kostet zwischen 650 und 1900 Euro, mit Motor ab 900 Euro.

Rollladen Rollladenkästen in der Wand müssen perfekt wärmegedämmt und luftdicht eingebaut werden, andernfalls bilden sie Wärmebrücken unterm Fenstersturz, diese verursachen Risse in Mauerwerk und Putz. Kästen mit Revisionsöffnung bilden ebenso Schwachstellen wie Gurtauslässe mit »Spiel«. Billigprodukte und schlechte Arbeit unterwandern den Wärme- und Schallschutz. Qualität erkennen Sie an raumseitig geschlossenen Kästen, dichten und gedämmten Gurtführungen und massiven Anschluss-Schenkeln, an denen das Fenster umlaufend und »fachgerecht nach RAL« abgedichtet werden kann: So schreibt es die Energieeinsparverordnung vor. Vorbaukästen außen auf dem Fensterrahmen umschiffen dieses Problem. Sie sind geschmacklich nicht jedermanns Sache, aber ideal für Niedrigenergie-Häuser. Prüfen Sie die Rollläden schon in der Rohbauphase auf einwandfreie Funktion: Sie sollen sich leicht betätigen lassen sowie leise und weich in den Schienen laufen. Widerstandsklassen von ER1 bis ER6 geben an, wie lange der Rollladen Einbruchsversuchen standhält.

Klappläden Fensterläden drehen sich in Kloben, man montiert sie an den Fensterrahmen oder in die Außenwand. Damit offene Läden im Wind nicht klappern, arretiert man sie mit Schubriegeln, die heißen in Süddeutschland »Kasperl«. Haken oder Schieber halten geschlossene Läden von innen fest, so schützen Klappläden auch vor Einbruch. Schlagregen lässt Fensterrahmen verrotten, Läden halten sie trocken – falls man sie schließt. Das macht kaum jemand, trotzdem sind Fensterläden einfach wichtig: als Fassadenschmuck. Rollläden sind praktischer als Klappläden. Auch schöner?

Die Haustür zeigt auf den ersten Blick Wohn- und Lebensstil der Hauseigentümer. Türblätter aus Alu, Kunststoff oder Holz lassen sich mit Glas und Edelstahl attraktiv kombinieren.

Haustür

Die Haustür markiert den Übergang zwischen privatem und öffentlichem Raum, schützt die Bewohner vor Straßenlärm und Schmutz und ungebetenen Gästen. Zudem schmückt die Haustür die Fassade.

Türverglasung Eine Tür mit Bullauge, verglastem Türblatt und/oder fest stehenden Seitenteilen aus transparentem Material signalisiert Offenheit, gewährt einen prüfenden Blick auf Besucher und schleust Licht in die Diele. Türen mit einem Einsatz aus simplem Glas oder Drahtglas zerbrechen leicht und schrecken Einbrecher nicht. Eine übliche Isolierverglasung besteht aus zwei Scheiben, die eine Luftschicht einschließen. Man muss ausgesprochen kräftig gegen das Glas schlagen, um es zu zerbrechen – das verursacht einen Höllenlärm. Profis überwinden beide Scheiben lautlos nacheinander mit einem Trick: Es genügt, den Hammer mit Straßenstaub einzureiben, die Körnchen verteilen die Kraft von einem Punkt auf die gesamte

Die Haustür richtig im Griff

Die Haustür braucht Griffe zum Auf- und Zumachen. Eine Drückergarnitur besteht je aus Türdrücker und Schild oder Rosette für innen und außen. Ist das Schloss nicht zugesperrt, können Sie die Tür von beiden Seiten aus mit dem Türdrücker öffnen. Kinder gelangen ohne aufzuschließen ins Haus, Diebe auch. Mit einer Wechselgarnitur ist das unmöglich, außen sitzt ein unbeweglicher Knauf: ohne Schlüssel kein Zutritt.

tipp

Ein Kastenschloss mit Kette oder Sperrbügel sichert extra. Ein Schließzylinder widersteht Bohren, sitzt bündig im aufbohrsicheren Türschild. Das Schließblech sollte wenigstens 50 cm lang sein. Hinterhaken verhindern das Aushebeln der Tür; stabile Bänder reißen nicht aus. Blicke durch das Glasfeld in der Tür oder den Weitwinkel-Spion entlarven ungebetene Gäste.

Glasfläche. Sicherheitsglas bewahrt vor Verletzungen, nicht vor bösen Buben: Es zerbröselt leise in kleine Würfel. Verbund-Sicherheitsglas ist stabil – eine Folie verbindet die Scheiben. Glasklasse A ist durchwurfhemmend, Klasse B durchbruchhemmend, Klasse C durchschusshemmend. Für ein Einfamilienhaus genügt meist Glas der Klasse A. Beträgt der Glasanteil über 50 Prozent der Türfläche, wird die Tür für die Berechnung der Energiebilanz eines Hauses als Fenster behandelt.

Wärmeschutz Eine Eingangstür aus Fichtenholz kostet ab 2500 Euro, für Merantiholz zahlen Sie ungefähr 500 Euro mehr. Alutüren kommen auf 4500 bis 6000 Euro. Die Raumseite aus Holz, die Straßenseite aus Alu: Dieser Materialmix ist ab 3000 Euro zu haben. Kunststoff-Türen gibt es schon um 1000 Euro, für Qualität und Design legen Sie aber gut das Vierfache hin. Rahmen aus Holz dämmen oft ausreichend. In Kammern von Kunststoff- und Aluminiumrahmen bremsen Luft oder Hartschaum den Wärmetransport. Kunststoff-Stege lassen in Aluprofilen keine Wärmebrücken entstehen. Auch Türfüllungen müssen gedämmt sein. Schlauchdichtungen an der Schwelle und umlaufende Dichtungen rund ums Türblatt halten Staub, Zugluft und Feuchtigkeit draußen. Außentüren sollten unten an eine Anschlagschwelle stoßen. Bauen Sie die Schwelle zwischen 10 und 20 mm hoch – das genügt, um Zugluft unter dem Türblatt zu stoppen, und über diese Kantenhöhe lässt sich ein Kinderwagen oder Rollstuhl gerade noch ohne Hauruck schieben.

Kellertür Planen Sie ein Dach über die Kellertreppe, es schützt die Stiege vor Regen und Schnee und hält die Kellertür trocken. Für sie gelten die selben Anforderungen an den Wärme- und Schallschutz wie für die Haustür, die Nebentür braucht aber kein aufwendiges Design. Meist baut man ein preisgünstiges Modell ein. Beide Außentüren sollten Sie gegen Einbruch sichern.

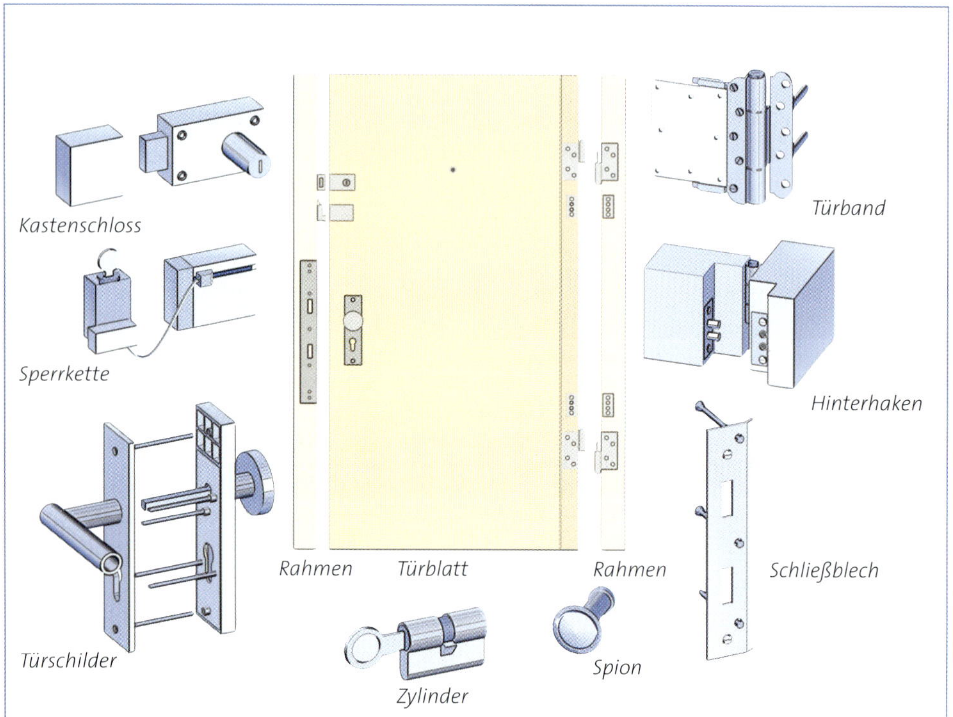

Einbruchschutz

Ein Schraubendreher reicht dem Profi: In zehn Sekunden knacken clevere Einbrecher simple Haustüren. Ein gutes Zylinderschloss allein bringt nichts, wenn das Schild nichts taugt. Stabile Türen und Fenster, Beschläge und Montage müssen zusammenpassen.

Mechanik sichert Sie bringen Ihr Einfamilienhaus schon für 3000 Euro komplett hinter Schloss und Riegel. Schützen Sie nicht nur den Haupteingang. Zusatzschlösser oder -beschläge gehören auch an Keller- und Hintertür und an den Zugang zur Garage. Hantiert der Ganove ohne Erfolg, gibt er nach durchschnittlich fünf Minuten entnervt auf. Leider findet er sein Glück oft woanders: am Fenster oder an der Balkontür, 80 Prozent der Langfinger steigen dort ein. Vermasseln Sie ihm die Tour: Schrauben Sie ein Zusatzschloss auf den Rahmen und montieren Sie abschließbare Griffe. Die bremsen auch den Erkundungsdrang Ihrer Kinder. Terrassentüren bekommen Sperren an die Kipphebel. Denken Sie auch an mögliche Einstiegsluken: Müll- oder Regentonne plus Garagendach eignen sich perfekt als Klettergerüst. Kellerfenster und Lichtschächte decken Sie mit engmaschigem Stahlgitter ab, das im Mauerwerk ankert. Von oben kommt da keiner ran. Rollroste verwandeln Ihren Keller in eine Festung: Setzt der Dieb die Säge an, lassen ihn rotierende Stahlstäbe in den Rohren verzweifeln. Schwachstelle Rollladen: Stifte oder Schlösser verhindern das Hochschieben.

Elektronik warnt Die meisten Einbrecher arbeiten zwischen 10 und 16 Uhr: Die Bewohner sind oft unterwegs, Haus und Räume unbewacht. Alarmanlagen können sichern, wenn niemand daheim ist. Doch weniger als zwei Prozent der deutschen Haushalte sind mit Einbruch-Meldeanlagen ausgestattet. Solche Systeme merken den Einbruchversuch an Türen, Fenstern und Schlössern sofort und melden den Eindringling. Ein Alarm hält den Einbrecher nicht auf – das schaffen nur mechanische Vorrichtungen. Aber er warnt Nachbarn und Passanten, schreckt Langfinger deshalb ab. Am frei stehenden Haus lassen sich bereits Garten und Tore überwachen. Vor dem Kauf einer Alarmanlage erkundigen Sie sich bei Ihrer Hausratversicherung oder der Polizei, welche Systeme zuverlässig funktionieren – kriminalpolizeiliche Beratungsstellen größerer Städte führen Ausstellungen empfehlenswerter Vorrichtungen. Die Polizei verteilt auch Adressenlisten von Firmen, die Geräte nach den Sicherheitsnormen installieren. Versicherungen senken für hohen Sicherheitsstandard die Prämie.

Alarm schreckt Die Zentrale der Alarmanlage sammelt die Impulse der Signalgeber. Die Gartenüberwachung besteht meist aus Videokamera, Bewegungsmelder und Infrarot-Sensoren. Die Außenhaut-Überwachung des Hauses, vor allem Fenster und Türen, übernehmen Öffnungs- und Bruchmelder, also Alarmfolien, Kontaktschalter oder Erschütterungsmelder. Im Innenraum kommen Bewegungsmelder und Infrarotsensoren zum Einsatz. Gibt der Alarmgeber einen Impuls über Leitung oder Funk an die Zentrale, wird der Alarm ausgelöst. Das kann eine Sirene, eine Blinkleuchte, auch ein Fernsignal an einen Wachdienst sein. Gute Systeme vermeiden Fehlalarme, die die Nachbarschaft beim ersten Mal aufschreckt, dann aber abstumpfen lässt.

Preise
Fenster und Balkontüren

Produkt	Preis in Euro
Holzfenster, Fichte, 1 Flügel mit Sprossen, 0,5–1,25 m^2, pro m^2	402
Holzfenster, Fichte, 1 Flügel mit Sprossen, 2–3 m^2, pro m^2	276
Fenstertür, Fichte, 1 Flügel mit Sprossen, 2–3 m^2, pro m^2	302
Holzfenster, Fichte, 1 Flügel ohne Sprossen, 0,5–1,25 m^2, pro m^2	370
Holzfenster, Fichte, 1 Flügel ohne Sprossen, 2–3 m^2, pro m^2	253
Fenstertür, Fichte, 1 Flügel ohne Sprossen, 2–3 m^2, pro m^2	242
Kunststoff-Fenster, 1 Flügel ohne Sprossen, 0,5–1,25 m^2, pro m^2	296
Kunststoff-Fenster, 1 Flügel mit Sprossen, 0,5–1,25 m^2, pro m^2	296

Lärmschutz

Es besteht keine Pflicht, aber manche Hersteller nennen freiwillig das Schalldämm-Maß R_W ihrer Haustüren. So erhalten Sie Auskunft, wie wirkungsvoll die Tür Luftschall von Autos und Flugzeugen bremst und Ihre Wohnräume ruhig hält – Bauherren an lauten Straßen sind dankbar für jedes Dezibel, das sie nicht hören. Ein gut gedämmtes Türblatt ist die halbe Miete, einen ebenso hohen Einfluss auf die Schalldämmung haben die Dichtungen im Türfalz und am Fußboden. Beide Dichtungen sollten in einer Linie liegen, ein Versatz mindert die Wirkung. Eine Dichtung federt ein, wenn man die Tür schließt, effektive Dichtungen haben eine Einfederungstiefe von 3 Millimetern, besser sind 5 Millimeter. Herkömmliche Kammerprofile, also Schlauchdichtungen, dämmen schlechter als Lippendichtungen. Weiterer Vorteil: Eine Haustür mit Lippendichtungen lässt sich mit weniger Kraftaufwand schließen. Allerdings fällt sie deswegen auch leichter – unbeabsichtigt – ins Schloss.

Haustür pflegen und renovieren

Türen aus Aluminium oder Kunststoff sind pflegeleicht und brauchen keinen Nässeschutz. Eingänge aus Holz müssen Sie von Zeit zu Zeit streichen. Lasierte Türen lassen sich später auffrischen, die Holzmaserung bleibt sichtbar. Man streicht im selben Farbton einfach drüber, die Tür sieht aber von Mal zu Mal dunkler aus. Heller Glanzlack reflektiert mehr Tageslicht, der Eingang sieht freundlicher aus.

tipp

Eine Acrylatschicht macht Tafeln aus Holzzement wetterfest, sie schützen das Erdgeschoss vor Spritzwasser. Die Brettschale darüber zeigt eine natürliche Optik. Architekten: Becker/Just, Delbrück

Fassadendämmung

Ein dichtes Haus verliert weniger Wärme und hält länger. Schon kleine Lecks schaden. Die dickste Lage Dämmstoff hilft wenig, wenn ein Haus undicht ist. Wo es zieht, entweicht Wärme. Ein Riss – nur einen Millimeter dünn und einen Meter lang – halbiert die Pufferwirkung einer 20 Zentimeter starken Dämmung.

Schwachstellen in der Hülle Undichtigkeit kann an vielen Stellen entstehen oder sogar in ein neues Haus eingebaut sein: Luft umspült Balkenköpfe und Balkonträger, dringt durch Fugen an Türen und Fenstern, pfeift aus Steckdosen und Sanitäranschlüssen. Kaltluftseen in Fußbodenhöhe vertreiben das Wohnbehagen. Die meisten Feuchteschäden in einem Haus entstehen, weil Luft durch die Konstruktion strömt, etwa im Dach. Die Warmluft kühlt sich auf dem Weg nach außen ab, dabei verflüssigt sich der in ihr enthaltene Wasserdampf. Mit einer Kerze gehen Sie selbst auf Lecksuche: Die Flamme flackert, wo es zieht. Genauer suchen Experten mit Windmessgeräten – sie prüfen die Winddichtigkeit des Hauses, bevor alle Fassadenarbeiten fertig gestellt und solange die Innenschalen von Leichtbauwänden und Dach noch zugänglich sind. Die Basismessung für ein übliches Einfamilienhaus kostet zwischen 600 und 800 Euro, dauert einen halben Tag und zeigt größere Lecks an. Sollen Schlupflöcher ganz präzise aufgespürt werden, kostet die Messung zwischen 1000 und 2500 Euro. Dazu wird ein »Blower-Door-Test« gemacht: Ein Ventilator (Blower) erzeugt einen Über- oder Unterdruck im Haus – nur etwa ein Zweitausendstel höher oder geringer als draußen im Freien. Luft strömt durch Lecks nach. Messgeräte an den Türflügeln (Door) erfassen, wie viel. Fehler durch schlechte Planung, etwa an den Nahtstellen von zwei Bauteilen, lassen sich nur aufwendig beheben. Undichte Türen und Fenster oder zu weite Wandöffnungen um Rohre und Leitungen können Sie jetzt noch einfach abdichten.

Energie sparen Drei Viertel unseres Energieverbrauchs verwenden wir fürs Heizen der Räume. Gut geplante Häuser halten Wärme lange innen. Kein Baustoff trägt, schützt und dämmt gleich gut. Deshalb werden meist verschiedene Materialien kombiniert – etwa eine massive Tragschicht, eine luftige Dämmung und eine dichte Außenhaut. Der u-Wert gibt die Größe des Wärmeverlusts an: W/m^2K – in Watt durch einen Quadratmeter des kompletten Bauteils bei einem Unterschied zwischen drinnen und draußen von einem Kelvin, das entspricht einem Grad Celsius. Wer 10 statt 5 Zentimeter Dämmstoff auf eine Kalksandsteinwand packt, erzielt einen 50 Prozent besseren Dämmwert. Weitere 5 Zentimeter bringen aber nur noch 20 Prozent mehr Dämmwirkung. Faustregel: Wie viel Brennstoff Sie sparen, errechnen Sie, wenn Sie den höheren, schlechteren u-Wert vom besseren abziehen und das Ergebnis mit zehn und mit den Quadratmetern Außenwand malnehmen. Das Ergebnis gilt für Liter Öl und Kubikmeter Gas.

Wärmeleitfähigkeit Wie gut ein Material dämmt, hängt besonders ab vom Anteil seiner Poren – ruhende Luft leitet Wärme kaum. Porenreiches Material dämmt gut und besitzt eine geringe Wär-

Fassade bekleiden mit Platten aus Holz oder Faserzement

❶ *Lattung: Rasch angebracht per Durchsteck-Montage; Dübel führen durch die Latten in die Wand.*

❷ *Dämmstoff: Zuschneiden, durch ihn in die Wand bohren, mit Dämmstoffdübel und Spreiznagel fixieren.*

❸ *Konterlattung: Senkrecht montieren, Dichtstreifen auf Hölzer kleben.*

❹ *Tafeln: Mit A-4-Schrauben aus zähem Stahl befestigen mit jeweils 10 mm Abstand.*

❺ *Leibung: Dämmung bis zum Fensterrahmen ziehen, mit Fugenband dichten. Leibungstafel anschrauben*

❻ *Schutz: Insekten und Mäuse aussperren mit Lochprofil oder Gitter.*

❼ *Gesims: Entlüftungsschlitz offen lassen, Schlitz mit Gitter abdecken.*

❽ *Alternative: Dämmstoff über 6 cm Dicke klemmt in Haltern aus Alu besser als zwischen Holzleisten.*

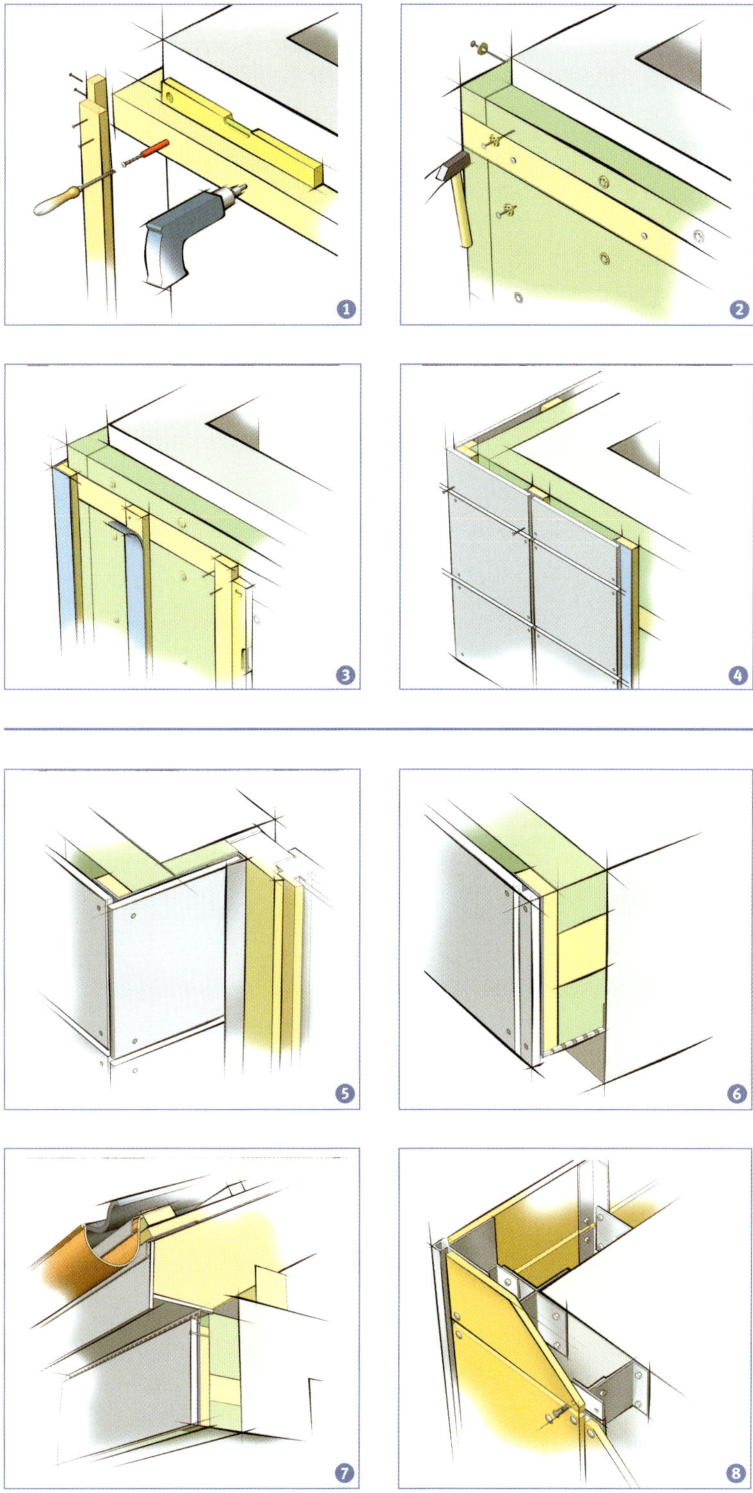

meleitfähigkeit (Lambda-Wert). Als Dämmstoff gilt Material, dessen Lambda-Wert kleiner ist als 0,1 W/mK. Die meisten Dämmstoffe im Handel liegen bei 0,035 bis 0,04.

Fassadensysteme Die Fassade soll Hitze, Kälte und Nässe puffern und – Wärmeschutz hin, Bauphysik her – Ihnen gefallen. Für eine Vorhangfassade dübelt man eine Dämmschicht auf die Mauer – wahlweise Mineralfaserplatten, Hartschaumplatten oder Holzwerkstoff-Zuschnitte, und schützt das weiche und poröse Material mit einer Bekleidung aus Holz oder Faserzement, Schiefer oder Metall. Der Wetterschutz sitzt auf einem mindestens 3 Zentimeter dicken Rahmen aus hölzerner Lattung und Konterlattung, damit zirkulierende Luft eventuell vorhandene Feuchte schnell fortträgt. Wie Sie eine Vorhangfassade fachgerecht montieren, zeigen die Zeichnungen rechts. Ähnlich konstruiert man eine gemauerte Vorhangschale aus Stein – Ziegel oder Klinker, Kalksandstein oder Naturstein. Ein steinernes Fassadenkleid sitzt jedoch nicht auf einem Lattengerüst, sondern mit Ankern in der Hausmauer. Dünne Ziegel-Riemchen klebt man direkt auf den Unterputz, das versiegelt ihn gegen Witterung und sieht schön aus, verbessert die Wärmedämmung der Wand aber nicht. Wer das möchte, packt sein Haus mit Verblendklinker-Elementen ein, die auf einer Hartschaumplatte fixiert sind – die Montage funktioniert wie die eines Wärmedämm-Verbundsystems.

Dämmverbund Das System besteht aus Hartschaumplatten, die mit Verbundmörtel direkt auf die tragende Wandkonstruktion geklebt werden. Auf die Platten kommt je eine Schicht Verbundmörtel, Zwischenputz mit Armierungsgewebe und Putzgrund, als Abschluss ein Wetterschutz aus Kunstharz- oder Dispersionsputz. Diese »Thermohaut« endet ungefähr 30 Zentimeter über dem Erdboden. Der Spritzwasserbereich bleibt frei, eine Sockelschiene stützt die Dämmplatten und versperrt Ungeziefer den Zugang.

Fassadenputz Die meisten Bauherren entscheiden sich für eine Putzfassade, da muss ein Profi ran wie an den Wärmedämmverbund. Bau-Ökologen schwören auf dreilagigen Kalk- oder Zementputz. Er ist »atmungsaktiv«, nimmt also Wasserdampf auf und gibt ihn wieder ab – Fachleute sprechen von diffusionsoffenem oder wasserdampfdurchlässigem Putz. Zweilagiger Putz aus wärmedämmendem Unter- und mineralischem Oberputz hingegen ist wasserabweisend. Problem: Schon ein Mini-Riss im Putz lässt Nässe in die Wand dringen, aber nicht mehr hinaus. Friert sie im Winter auf, sprengt sie häufig den Putz ab.

Farbgestaltung

Fassadenfarbe unterstreicht die Persönlichkeit Ihres Hauses, erklärt seine Architektur und bringt sie in Harmonie zu ihrer Umgebung.

Architektur-Elemente verdeutlichen Eine Fassade besteht, vereinfacht gesagt, aus drei Arten von Elementen: Skelett, Wänden und Ornamenten. Das Skelett nimmt die Bauwerkslasten auf, es

Kalksandsteine dicht versiegeln: In unbehandelte Steinfassaden dringt Regen und Schnee. Nasse Wände dämmen schlecht, und Frost sprengt das Gemäuer. Vorbeugen lässt sich mit Wasser abweisender Chemie. Imprägnieren Sie Wände von unten nach oben, dann läuft die Flüssigkeit nicht in Nasen ab wie auf diesem Foto – es zeigt, wie Sie es nicht machen sollen.

Welcher Anstrich passt zum Untergrund?

Farbe	Untergrund	Grundierung	überstreichbar mit	Wasserdampf-Durchlässigkeit
Reine Silikatfarbe	Putz, Ziegel	verdünnte Wasserglaslösung	fast allen Farbsystemen	95 %
Organ-Silikatfarbe	Beton, Putz, Ziegel	verdünnte Wasserglaslösung	fast allen Farbsystemen	90 %
Dispersionsfarbe	Beton, Putz, Ziegel	organisches Harz (Tiefgrund)	Polymerisatharz-Farben	40–70 %
Polymerisatharz-Farbe	Beton, Porenbeton, Putz, Ziegel	organisches Harz (Tiefgrund)	Dispersionsfarben	40–70 %
Silikonharz-Emulsionsfarbe	Beton, Porenbeton, Putz, Ziegel	Silikonharz, verdünntes Wasserglas, Silikonat	mit allen Systemen, außer reiner Silikatfarbe	70–95 %
Silikonharz-Farbe	Porenbeton, Putz, Ziegel	Silikonharze	mit allen Systemen, außer reiner Silikatfarbe	70–95 %

Für bunte Fassaden lässt man im Farbengeschäft seinen Lieblingston mischen, streicht selbst oder beauftragt den Maler. Oder man kauft fertige Profile in gängigen Tönen. Vorher das Bauamt fragen, um Ärger zu vermeiden.

besteht aus Sockel und Säulen, Stützen und Stürzen. Die zweite Einheit bilden die Wandflächen inklusive Erker, Türmchen und Vorsprüngen über die ganze Haushöhe. Schmuck wie Gesimse, Reliefs und Girlanden gliedern die Fassade zusätzlich. Am besten machen Sie die Architektur Ihres Hauses kenntlich, wenn Sie gleichartige Bauteile farblich zusammenfassen und unterschiedliche Bauteile voneinander absetzen.

Entwurf erläutern Wenn man die Oberfläche der Wand als Bezugsebene betrachtet, dann können Bauteile hinter, in oder vor der Fassade liegen. Es gilt: Tiefer in der Wand liegende Teile halten Sie mit Farbe zurück, vorkragende holen Sie auch optisch hervor. Dunkle Farben drängen ein Bauteil für das Auge zurück, es scheint weiter entfernt. Helle Farben lassen Bauteile näher rücken, holen sie optisch hervor. Man streicht also Teile in oder hinter der Fassade dunkler als die Teile vor der Fassade, und unterstützt so die Entwurfsgedanken des Architekten sinnvoll.

Farbton wählen Bevor Sie die Farben bestellen, klären Sie: Wie sehen die Nachbarhäuser aus? Alle Hausfarben im Straßenzug haben idealerweise denselben Weiß-Anteil – Infos dazu lesen Sie im Kasten rechts. Beachten Sie auch die Himmelsrichtung: Wird ein Haus nur kurze Zeit von der rötlichen Morgensonne beschienen, liegt es für den Rest des Tages in kaltem, blauem Licht – dann sollten Sie Farbtöne aus dem Gelb-, Orange-, Rot- oder Braunbereich wählen. Wird die Fassade bis zum frühen Nachmittag beschienen, so können Sie kälter scheinende Farben wie Grün oder Blau verwenden. Grüntöne sind allerdings kritisch, wenn Ihr Haus Nachmittags- oder Abendsonne bekommt: Die Töne verschieben sich zu schmutzigem Grau.

Tarnfarbe vermeiden Auch Rot sollte man an Fassaden, die Abendsonne bekommen, sparsam dosieren: Sie können feurig glühen und aggressiv wirken. Möchten Sie dichte Bäume um Ihr Haus pflanzen oder stehen schon welche auf dem Grundstück, entscheiden Sie sich für einen hellen Farbton und keinesfalls für Grün. Andernfalls verschwindet das Gebäude wie unter Tarnfarbe im Schatten. Seien Sie vorsichtig mit dunklen, satten Farben. Sie werfen wenig Sonnenlicht zurück, schlucken viel – dieser Anteil heizt die Fassade so stark auf, dass es zu Dehnungen oder Rissen an Bauteilen kommt. Wie sehr sich eine Fassade erwärmt, hängt ab von der Art der Pigmente, also der Farbmittel im Anstrich. Mit helleren oder vergrauten Tönen lässt sich das Problem meist ausschalten. Wie die Fassade mit Ihrer Wunschfarbe aussehen wird, können Sie sich vielleicht gar nicht

Unbunte Farben: Was heißt das?

Bunte Farben sind die vier Hauptfarben Rot, Gelb, Blau und Grün und alle Mischtöne, die sich aus ihnen herstellen lassen. Als unbunte Farben bezeichnet man Schwarz und Weiß, ferner die neutralen Grautöne. Je mehr Weiß einer bunten Farbe zugefügt wird, desto mehr hellt sie auf. Mischt man ihr Schwarz zu, vergraut sie. Die Sättigung einer bunten Farbe ändert sich mit ihren Anteilen an Weiß oder Schwarz.

tipp

Federwinkel halten das Klettergerüst für Fassadengrün auf Abstand. Ein Winkelblech aus Edelstahl bremst Pflanzenwachstum unter der Traufe und verhindert Überschlag. Die Ritze zwischen Wand und Blech mit elastischer Fugenmasse dichten.

Fassadengrün

Lose Zungen nennen Efeu »Architektentrost«: Fassadengrün gliedert, verbirgt und schmückt auch das weniger Gelungene. Das trifft auf Ihr Haus natürlich nicht zu, aber Grün hat auch an schönen Häusern seine Berechtigung: Es filtert Staub aus der Luft, schluckt Lärm und schützt die Wand vor Hitze und Kälte. Heimische Singvögel bauen in einem grünen Hauspelz gern ihr Nest. Vorteile verwandeln sich schnell in Ärger, wenn die Pflanzen schaden: Ältere, verholzte Fassadenpflanzen können Stücke aus dem Putz reißen, und Wurzeln zwängen sich in Ritzen und sprengen mürbes Baumaterial. Überprüfen Sie also genau, ob Ihr Maler die Fassadenarbeiten sorgfältig ausgeführt hat. Wenn Sie das Haus selbst mit einem Holzkleid verschalen wollen: nirgends dürfen Fugen klaffen.

Selbstklimmer Efeu hält sich mit Haftwurzeln auf der Wand fest, Wilder Wein mit Haftscheiben-Ankern. Die Haftwurzeln wachsen vom Licht weg ins Dunkel – besonders gut, wo es feucht ist. Haben sich die Wurzeln verankert, dann werden sie dicker, verholzen und brauchen immer mehr Platz, drücken Baumaterial zur Seite und können es sprengen. Haftscheiben-Anker kleben sich mit Sekret am Untergrund fest. Es ätzt, kann schaden und lässt sich schwer entfernen. Selbstklimmer sind ungeeignet für Fassaden mit Kunstharzputz oder Wärmedämm-Verbundsystemen, und auf Beton haften sie nicht.

Gerüstkletterer Sie halten sich nur an einer Kletterhilfe, das macht sie weniger gefährlich. Montieren Sie das Gerüst mit Abstand zur Wand, sonst überbrücken die Pflanzentriebe den Zwischenraum. Die Pflanzen ranken, klimmen oder schlingen, wachsen schräg, senkrecht oder waagerecht. Wuchsrichtung und Gerüstkonstruktion müssen übereinstimmen. Wollen Sie die Wand später renovieren, klappen Sie die Pflanze samt ihrer Kletterhilfe vorsichtig zu Boden.

▶ **Kletterpflanzen: Portraits, sortiert nach Wuchshöhe, Standort und Klimmgeschwindigkeit finden Sie unter www.haus.de/ziergarten**

Transparente Wärmedämmung

Üblicher Dämmstoff verzögert zwar die Wärmeabgabe der Außenwand, schirmt aber Sonne ab. Transparente Wärmedämmung (TWD) nutzt deren Kraft: Dämmender Kunststoff leitet Licht auf die Fassade. Es verwandelt sich in Wärme und temperiert die Räume dahinter, auch an trüben Tagen. Nur in langen Kälteperioden kühlt die Außenwandheizung stark ab. Dann muss man zusätzlich heizen, etwa per Holzofen.

info

so richtig vorstellen. Ihr Architekt fügt dem Antrag auf Baugenehmigung Tekturpläne bei, sie zeigen Ihr Haus von allen vier Himmelsrichtungen.

Skizze färben Fertigen Sie ein paar Kopien der Tekturpläne, malen Sie alle Flächen und Details mit Buntstiften aus und halten Sie Familienrat. Malermeister haben auch die Möglichkeit, Ihre Pläne an den Farbenhersteller zu schicken, dessen Produkte er verarbeitet. Die Firma entwickelt am Computer verschiedene Farbvorschläge zur Auswahl. Gehen Sie dennoch auf Nummer sicher: Lassen Sie probeweise verschiedene Abstufungen Ihrer Lieblingsfarbe auf die Fassade streichen, die Felder sollten jeweils mindestens einen Quadratmeter groß sein und dort liegen, wo verschiedene Bauteile zusammentreffen. Betrachten Sie die Musterquadrate morgens, nachmittags und abends, bei Sonne und Regen, aus der Nähe und von der gegenüberliegenden Straßenseite aus. Befragen Sie ruhig auch mal Ihre Nachbarn ringsum, was sie von Ihrer Farbwahl halten – die schauen viel häufiger auf Ihr Haus als Sie selbst.

Sind Fenster, Türen und Fassade in Ordnung?

Jetzt ist die Haushülle geschlossen: Die Fenster sind eingebaut, die Fassade wurde gedämmt und verschönert. Bevor die Handwerker für den Innenausbau anrücken, prüfen Sie Bau-Details. Hier finden Sie eine Checkliste zum Abhaken.

1 Holzrahmen

- *Profile aus verwindungsarmem Leimholz* ❍
- *Kanten abgerundet* ❍
- *Wetterschenkel thermisch getrennt vom Rahmen* ❍
- *Anstrich aus offenporiger, langlebiger Dickschichtlasur* ❍
- *Abdeckleisten auf der Fuge zwischen Glas und Rahmen, Leisten abgeschrägt, Ecken auf Gehrung geschnitten* ❍

2 Kunststoff-Rahmen

- *Profile UV-beständig* ❍
- *Profilsystem aus drei Kammern, Bautiefe mindestens 58 bis 62 Millimeter* ❍
- *Stahleinlage in den Profilen geschützt gegen Korrosion* ❍

3 Verglasung

- *Abstandhalter im Zwischenraum der Scheiben mit minimaler Wärmeleitfähigkeit* ❍
- *Scheiben sauber verfugt* ❍
- *Glas hat keine Schlieren oder Luftblasen* ❍
- *Glasfalz belüftet gegen Beschlagen der Scheibe* ❍
- *Glaszwischenräume klar* ❍

4 Wärmeschutz

- *Verglasung: zwei Scheiben Isolier- oder Wärmeschutzglas* ❍
- *Thermisch getrennter Verbund der Randprofile* ❍
- *Montageklötzchen entfernt, alle Fugen zur Wand umlaufend ausgeschäumt/gedämmt* ❍

5 Beschläge

- *Höhe, Tiefe und Anpressdruck der Fensterflügel einstellbar* ❍
- *Griffe und Hebel zum Öffnen und Schließen leichtgängig* ❍
- *Anschlagrichtungen, Dreh- und Kippbeschläge, Schiebeschienen nach Wunsch an den richtigen Fenstern* ❍
- *Beschläge mit Schutzfolien umwickelt, nicht verkratzt, für abschließbare Griffe sind sämtliche Schlüssel vorhanden* ❍

6 Haustür

- *Türblatt und Rahmen an keiner Stelle verkratzt oder beschädigt* ❍
- *Türblatt bleibt in allen Positionen stehen, schließt* ❍
- *Tür lotrecht eingebaut* ❍

7 Farben

- *Farbtöne von Fenstern, Haustür und Fassade gemäß Farbmuster* ❍
- *Fenster- und Türfalz wurden mitlackiert* ❍

8 Wärmedämmung

- *Fassadenfirma bestätigte schriftlich ordnungsgemäße Ausführung der Vorarbeiten* ❍
- *Dicke und Wärmeleitfähigkeit gemäß Plan* ❍
- *Dämmung auch unter Fensterbänken montiert* ❍

check

Technik, Boden, Wand und Treppe

Rundum Komfort: Jetzt wird das Rohe endlich wohnlich

Gewiefte Bauherren wärmen das Wasser per Sonnenkollektor, die Räume mit einem Kaminofen, und nur im knackekalten Winter schalten sie den Heizkessel der Zentralheizung dazu.

Sobald Bauamt, Vermesser und Schornsteinfeger den Rohbau abgenommen haben und die Fenster eingebaut sind, beginnt die Montage der Haustechnik: Darunter versteht man alles, was mit Heizung, Wasser und Strom zusammenhängt. Soll Frischluft nicht nur durch die Fenster ins Haus strömen, sondern systematisch über eine Lüftungsanlage, wird auch sie im Zuge der Haustechnik installiert.

Heiztechnik

Die Heizung zählt zu Ihren teuersten technischen Investitionen – je nach Komfort kostet sie für ein Einfamilienhaus zwischen 8 000 und 12 000 Euro. Technikfans und Energiesparer erliegen gelegentlich schillernder Werbung, geschäftstüchtigen Handwerkern oder selbst ernannten Durchblickern und neigen dazu, ihre Familie und das Baukonto mit zukunftsweisenden Finessen zu überfordern. Einigen Systemen fehlt die Erprobung über längere Zeit, sie erfordern Pioniergeist und »aktives Wohnen«: Schalter an und Schalter aus, Werte ablesen und Anlage nachjustieren. Überlegen Sie, ob Sie der Typ dazu sind und der finanzielle Aufwand in vernünftigem Verhältnis zu Komfort und potenzieller Energieeinsparung steht.

Wie viel darf Energiesparen kosten? Je mehr man in Energiespar-Technik investiert, desto teurer kommt jede eingesparte Kilowattstunde. Lassen Sie sich nicht verunsichern: Auch vergleichsweise konventionelle Heizanlagen nutzen Heizenergie sparsam und belasten die Umwelt so gering wie nötig. Im Übrigen ist eine der wirkungsvollsten Sparmethoden Ihr Verhalten: Drehen Sie die Heizungsventile nicht bis zum Anschlag auf – wer die Raumtemperatur um 1 Grad senkt, spart in einer Heizperiode 6 Prozent Heizkosten. Schließen Sie die Ventile, bevor Sie Fenster zum Lüften öffnen, und dauerlüften Sie nicht über Fenster in Kippstellung. Platzieren Sie das Sofa vor eine Wand statt vor dem Heizkörper, und verzichten Sie auf den Stand-by-Betrieb Ihrer Multimedia-Anlage. Lassen Sie abends, wenn es draußen kühler wird, die Rollläden herunter oder klappen Sie die Fensterläden zu – so entweicht weniger Wärme durch die Fenster.

Entscheidungshilfe Sie treffen eine gute und individuelle Entscheidung, wenn Sie vor den Gesprächen mit Architekt und Heizungsinstallateur Folgendes mit sich und Ihrer Familie ausmachen: Welcher Energieträger ist uns sympathisch – Öl oder Gas, Holz oder Sonne, Kohle oder Strom, Erde, Luft oder Wasser? Wollen wir die Räume und das Wasser mit einem zentralen Kessel, Ofen oder Kollektor beheizen, oder fühlen wir uns unabhängiger mit einer Kombination aus zwei dieser Wärmequellen? Und schließlich: Wünschen wir Konvektionswärme über Heizkörper? Oder haben wir einen Hausstaub-Allergiker in der Familie – für ihn ist Strahlungswärme von Öfen oder beheizten Wand- und Fußbodenflächen gesünder.

Brennstoff-Wahl Politische und wirtschaftliche Situationen lassen die Preise der fossilen Energieträger Öl, Gas und Kohle steigen und fallen, staatliche Entscheidungen wie Subventionen oder Steuern führen jedoch stets zu einem Ausgleich. Schaut man nur auf die Brennstoffpreise, kommt Öl billiger als Gas. Rechnet man die Kosten für Wartung und Lagerraum dazu, schneidet Gas besser ab – dies ergaben Untersuchungen der Arbeitsgemeinschaft für sparsamen und umweltfreundlichen Energieverbrauch (ASUE). Ein Vergleich der momentanen Bezugspreise bietet insofern kein entscheidendes Argument für oder gegen einen bestimmten Energieträger. Sie kosten alle etwa gleich viel – mit Ausnahme von Holz. Sofern Sie es selber zurichten, heizen Sie damit um die Hälfte preisgünstiger als mit Öl. Stellen Sie statt der Kaufpreise besser einander gegenüber, wie viel Aufwand für Sie der Bezug, die Lagerung und das Beschicken der Heizung verursachen, und in welchem Maß verschiedene Energieträger durch Produktion und Verbrennungsabgase die Umwelt belasten.

Schadstoff-Vergleich Energielieferanten interpretieren aktuelle Daten zu ihrem Vorteil, eine Gegenüberstellung der Umweltgruppe Katalyse kommt zu folgenden Werten: Im Vergleich zu einer gasbetriebenen Wärmepumpe stößt eine Gaszentralheizung das 1,8fache an Schadstoffen aus und verbraucht 1,8-mal mehr Primärenergie, eine Ölzentralheizung verursacht das 2,1fache an Schadstoffen und verbraucht doppelt so viel Primärenergie, eine Wärmepumpe mit Elektromotor belastet die Luft mit 2,3-mal so viel Schadstoffen und verbraucht etwa 1,6-mal so viel Primärenergie. Ein Kohleofen schickt das 2,6fach an Schadstoffen in die Außenluft und benötigt im Vergleich das 1,6-fache an Primärenergie.

Lagerkosten und Platzbedarf In einer optimal verbrennenden Heizungsanlage gelten unter Umweltaspekten Heizöl, Gas und Holz als etwa gleich günstig. Der Abbau heimischer Steinkohle wird staatlich subventioniert und beworben, und er erhält Arbeitsplätze. Heizen mit Kohle oder Koks liegt im Mittelfeld der Gesamt-Schadstoffbilanz, allerdings entsteht bei der Verbrennung 120-mal mehr Kohlenmonoxid und 45-mal mehr Staub im Vergleich zu allen anderen Brennstoffen. Wenn Sie Braunkohle verheizen, riechen Sie das zudem im

Die meisten Bauherren entscheiden sich für eine Ölzentralheizung – trotz der ungünstigen Prognosen, wie lange uns Erdölvorräte noch zur Verfügung stehen. Der Weltenergierat, ein Zusammenschluss von Umweltexperten, Energieunternehmen und Heizungsherstellern schätzt: Die bekannten Ölquellen sind in den nächsten 40 Jahren erschöpft.

Heizkörper geben schicke Raumteiler ab, zum Beispiel zwischen Kochblock und Essplatz. Nachteil: Man putzt am Boden um die Rohre. Wandhängende Heizkörper hingegen lassen sich ohne jeglichen Bodenkontakt installieren.

Wie viel darf die Heizung kosten?

Einzelöfen in Verbindung mit Einzelgeräten zum Wasserwärmen kosten am wenigsten, verursachen aber die meiste Arbeit. Eine Zentralheizung mit Brauchwasserwärmung liegt im mittleren Kostenbereich, muss nur einmal eingestellt werden und die Umstellung von Sommer- auf Winterbetrieb erfolgt automatisch. Die Kombination mit Solartechnik oder Wärmepumpe ist teuer – Eigenbau fängt Mehrkosten auf.

tipp

ganzen Haus und auf der Straße. Für Ferngas muss ein kostenpflichtiger Hausanschluss installiert werden, dafür sparen Sie Geld und Raum für ein Brennstofflager. Flüssiggas bevorraten Sie gegen Gebühr in einem Mietbehälter, für die Ölheizung kaufen Sie einen Tank, beide benötigen Platz.

Erneuerbare Energien Die Sonne heizt kostenlos und umweltfreundlich, Investitionen amortisieren sich aber erst spät und lohnen sich mehr für die Umwelt als für Ihren Geldbeutel. Meist lässt sich ein Sonnenkollektor in optimalem Winkel auf dem Haus- oder Garagendach platzieren, nur in seltenen Fällen montiert man ihn in den Garten – dann nimmt er ungefähr 6 Quadratmeter Sonnenplatz ein, der Ihnen vielleicht fürs Gemüsebeet fehlt. Holz zählt wie die Sonne zu den erneuerbaren Energien, seine Verbrennung setzt nur so viel schädliches Kohlendioxid (CO_2) wieder frei, wie das Naturmaterial während seines Wachstums gespeichert hat; jeder andere Brennstoff produziert bei der Verbrennung zusätzliches Kohlendioxid. Gratiswärme steckt auch in Luft, Erde und Wasser. Man kann sie per Wärmepumpe übertragen aufs Bade- und Heizwasser. Mit einer Kilowattstunde Strom für den Pumpenmotor lassen sich 3 bis 4 Kilowatt Heizenergie gewinnen. Für das Gerät brauchen Sie Platz im Keller, oder Sie opfern etwa 6 Quadratmeter Gartenfläche. Trockenes Fichtenholz, ofenfertig geschnitten, kostet pro Ster (Kubikmeter) 15 Euro mehr als feuchte Meterscheite. Zum Trocknen brauchen Sie am Haus zwei bis drei Lagerplätze zwischen 10 und 50 Raummeter Größe, die Sie jährlich umschichten müssen – plus Motorsäge und Spaltmaschine.

Wie viele Wärmequellen brauchen Sie? Wer nur eine Wärmequelle installiert – ganz gleich, ob Heizkessel, Wärmepumpe oder Ofen – heizt »monovalent«. Gibt es zwei Wärmequellen im Haus, die man wahlweise oder gleichzeitig nutzt, wird das Haus »bivalent« geheizt, und ein System aus mehreren Wärmequellen nennt man »multivalent«. Die meisten Bauherren fühlen sich mit einer monovalenten Heizung übermäßig abhängig von arabischem Öl oder russischem Gas. Investitionen für multivalentes Heizen scheinen ihnen aber zu hoch, die Technik zu kompliziert. Einen akzeptablen Kompromiss bildet die Kombination von Öl- oder Gaszentralheizung und Kaminofen. In Niedrigenergie-Häusern reicht zwar monovalentes Heizen mit einem einzigen Kachel- oder Kaminofen wirklich aus, um das ganze Haus zu heizen. Wer dem aber nicht traut oder wer deswegen Schwierigkeiten bei einem Verkauf des Hauses befürchtet: Es gibt Modelle, die im Verbund mit einer Solaranlage heizen und Wasser wärmen. Genügt die Sonnenkraft allein nicht aus, schaltet sich der Ofen automatisch zu. Ähnlich funktionieren Systeme, in denen ein Kachelofen die Zentralheizung übernimmt. Mehr Info zu unterschiedlichen Heizsystemen finden Sie in *start! Wir planen unser Haus* ab Seite 89.

Bausatz empfehlenswert? Selbstbau-Systeme für den Einbau der Heizung und die Installation des Sanitär- und Elektronetzes versprechen eine spürbare Senkung der Baukosten. Die Meinungen über Sinn und Nachteile solcher Baukästen gehen auseinander. Fakt ist: Laien stoßen rasch an ihre Grenzen und – je nach Naturell – gestehen sich das ein, oder murksen Baumängel ins Haus. Selber installieren geht gut und spart sinnvoll Euros, wenn Sie vernünftig vorgehen: Kaufen Sie den Bausatz nur von einem seriösen Lieferanten mit Service-Niederlassung in Ihrer Nähe und dem Angebot, Sie während des Einbaus fachmännisch zu betreuen und danach die Installationen zu warten. Zum Einbau-Paket müssen alle Teile gehören und darüber hinaus eine detaillierte, verständliche Montageanleitung und sämtliche Spezialwerkzeuge. Es sollte auch schriftlich vereinbart werden, dass die Anlage überprüft und abgenommen wird. Einen seriösen Bausatz-Anbieter erkennen Sie auch daran, dass er auf die selbst montierte Anlage Garantie gibt – mindestens ein Jahr.

Eigenleistungen Sollte Ihnen die Zusammenarbeit mit einer Bausatz-Firma unsicher scheinen, bleibt als Alternative die Heizungs-, Sanitär- und Elektroinstallation unter Anleitung örtlicher Installateure. Schlägt ein Profi die Schlitze, verlegt alle Rohre und Kabel, umwickelt Heizungs- und Wasserrohre mit Dämmung und montiert Heizkörper,

Sanitärobjekte und Armaturen, braucht er in einem Einfamilienhaus ungefähr 200 Arbeitsstunden. Diese Arbeiten lernen Sie auch ohne Vorkenntnisse rasch und können sie selber übernehmen. Sie werkeln wahrscheinlich 100 Stunden länger, sparen mit der Eigenleistung 6 000 Euro.
Podest für den Heizkessel betonieren Auch an dem Podest für den Heizkessel können Sie sich nützlich machen: Damit Betriebsgeräusche später nicht durchs Haus dröhnen, trennt man den Kesselstellplatz akustisch von der Wand mit einer »schwimmenden« Betonplatte: Gießen sie Beton 4 Quadratmeter groß und 8 Zentimeter dick auf eine Unterlage aus Hartschaum oder Mineralfaserdämmstoff – wo das Podest Wände berühren würde, verhindern 10 Zentimeter hohe Dämmstreifen Schallbrücken. Warten Sie drei Tage, ehe Sie das Podest mit dem Heizkessel belasten.
Kesselmontage Heizkessel, Wasserspeicher und Öltank können Sie mit dem Installateur gemeinsam schleppen und aufstellen, er wird die Heizungskomponenten anschließen. Besprechen Sie vor der Auftragsvergabe, welche Eigenleistungen er für sinnvoll und möglich hält, und halten Sie Ihre Vereinbarungen schriftlich fest. Vor dem Heizraum müssen Notschalter und Feuerlöscher montiert werden, das sind Vorschriften zu Ihrer Sicherheit. Mit dem beschrifteten Notschalter legen Sie von sicherer Warte aus mit einem Schlag die Heizung still, falls sie Feuer fängt oder eine Überschwemmung sie flutet. Platzieren Sie den Schalter so hoch an der Wand, dass Kinder nicht drankommen und ihn aus Jux drücken. Der Feuerlöscher hingegen hängt praktischerweise so niedrig, dass jeder ihn abnehmen kann – zeigen Sie allen Hausbewohnern, wie man ihn bedient. Bis zu einem Öltank-Volumen von 5 000 Litern reicht ein Feuerlöscher mit 6 Kilogramm Inhalt, für einen größeren Tank brauchen Sie einen 12-Kilo-Löscher.
Dichtheits-Prüfung Bevor der Estrich verlegt wird, werden die Heizungsrohre auf Lecks geprüft. Die Leitungen werden gefüllt und unter Druck gesetzt, an einem Druckmesser liest man ab, ob er mindestens 24 Stunden lang konstant bleibt. Lassen Sie sich vom Installateur das Protokoll geben!

Vor dem Armaturenkauf Wanne und Waschbecken wählen: für Einhebelmischer mit nur einem Hahnloch, für getrennten Kalt- und Warmwasserzulauf mit zwei oder drei Löchern, je nach Armaturenmodell.

Wassertechnik

Die Installation der Rohre für kaltes Frischwasser, warmes Brauchwasser und schmutziges Abwasser ist Präzisionsarbeit: Überlassen Sie die Arbeiten einem Fachbetrieb. Das Wasserwerk pumpt Trinkwasser durch Straßenrohre in Ihr Wohngebiet, alle Anlieger sind zur Abnahme gegen Gebühr verpflichtet. Vom Straßenrohr zweigen Anschlussleitungen zu den Grundstücken ab, sie führen je bis zur Grundstücksgrenze und können dort mit einem Schieber gesperrt werden.
Wasserzähler montieren Ihr Wasserverbrauch wird gemessen; der Zähler sitzt in dem Kellerraum, der dem Straßenanschluss am nächsten liegt. Wer ohne Keller baut, muss den Zähler in einem Schacht auf dem Grundstück installieren lassen. Um die Installation vom Straßenschieber bis zum Zähler kümmert sich Ihr Wasserversorgungsunternehmen. Hinter den Wasserzähler montiert man den Hauptabsperrhahn fürs Hausnetz – dort beginnt Ihr Privateigentum, das Sie

Wasserquellen für Waschtisch und Badewanne:
1. *Wanne steht frei, Wasser steigt aus dem Boden.*
2. *Waschschüsseln brauchen Mixer mit Schwung.*
3. *Dreiloch-Armatur wertet Becken auf.*
4. *Dynamisches Design, ergonomischer Griff.*
5. *Luxus-Look kaschiert Wasserspartechnik.*
6. *Einlauf und Brausegarnitur veredeln auch eine Standardwanne.*

planen und der Installateur ausführt. Sie müssen sich Gedanken darüber machen, wie Sie Dusch- und Badewasser wärmen und speichern und in welchen Räumen und an welchen Stellen Sie kaltes und/oder warmes Wasser entnehmen möchten, auch auf welchen Wegen Abwasser aus dem Haus fließt. Darüber hinaus besprechen Sie mit Architekt und Installateur, wie Sie Ihr Bad einrichten – das ist wichtig für den Verlauf der Leitungen. Die Art der Wassererwärmung haben Sie bereits mit der Heizungsplanung entschieden.

Steigleitungen verlegen Die Leitungsführung hängt von Ihrem Grundriss ab: In Küche, Bad und Gästeklo sind Wasseranschlüsse selbstverständlich. Praktischerweise verlegt man Wasserrohre auch in Hauswirtschaftsraum und Bürozimmer oder -anbau. Wenn Sie nicht ohnehin Regenwasser in einer Zisterne sammeln, führen Sie aus dem Keller Wasserleitungen auch in Garage, Hausaußenwand und Garten. Möchten Sie das Dachgeschoss erst später ausbauen: Ziehen Sie die Wasserrohre jetzt schon bis über die Geschossdecke, dann ersparen Sie sich in ein paar Jahren neue Durchbrüche, Dreck und Lärm. Das gilt auch für einen Hausteil, den Sie irgendwann separat vermieten möchten.

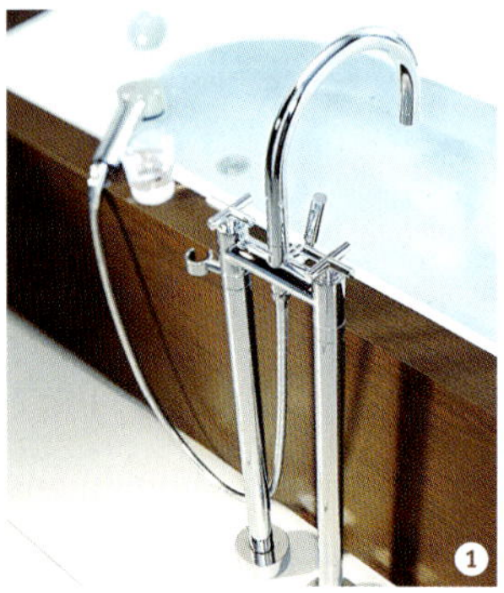
1

2

3

4

5

6

Rohre dämmen Dämmen Sie alle Warmwasserleitungen gegen Wärmeverlust auf dem Weg zur Zapfstelle. Die Energie-Einsparverordnung schreibt Mindestdämmstoffdicken vor, sie hängen vom Dämm-Material ab. Kaltwasserrohre zu dämmen, ist freiwillig und vernünftig: Der Dämmstoffmantel schützt die Rohr-Außenseiten vor Korrosion durch Schwitzwasser – es entsteht und tropft zu Boden, wenn sich warme Raumluft an kalten Leitungen niederschlägt.

Armaturen aussuchen Früher als Ihnen vielleicht lieb ist, geht der Innenausbau ins Detail. Der Installateur wird Sie fragen, welchen Typ von Waschbecken Sie sich ausgesucht haben – ein »normales«, das an der Wand hängt, oder eine jener trendigen Waschschüsseln, die man auf Tischchen oder Platte stellt oder auf Wandkonsolen befestigt. Die Art des Waschbeckens und seine Montagehöhe bestimmen nämlich die Position der Kalt- und Warmwasseranschlüsse und des Siphons. Die Armatur für ein wandhängendes Waschbecken sitzt in der Regel in 85 Zentimeter Höhe auf dem Beckenrand, die Wasseranschlüsse (Eckventile) unterm Becken in 55 Zentimeter Höhe – gemessen vom Fußbodenbelag aus. Soll das Wasser in eine Schale plätschern, brauchen Sie einen Wasserhahn, der mit hohem Bogen über den Schüsselrand reicht, oder eine Wandarmatur. Dann müssen längere Leitungen her. Wählen Sie fürs Waschbecken den hellsten Platz im Bad – möglichst an der Wand(stelle), auf die zu Ihrer gewohnten Aufsteh-Stunde ein Sonnenstrahl trifft. Lassen Sie dorthin Anschlüsse für Kalt- und Warmwasser sowie fürs Abflussrohr installieren. Lässt man dem Installateur freie Hand, montiert er das Waschbecken in 85 Zentimeter Höhe, gemessen zwischen Bodenbelag und Beckenrand. Dieser Standard soll für Menschen mit 1,85 Meter Körpergröße bequem sein. Probieren Sie unbedingt selbst aus, ob Ihr Waschbecken niedriger oder höher hängen soll,

Unter wandhängenden Sanitärobjekten und fußlosen Möbeln putzt man mit einem Wisch durch, von Becken mit Spezialbeschichtung perlt Schmutz und Kalk fast von allein ab.

sonst bereiten Zähneputzen und Gesichtwaschen bald Rückenschmerzen. Darf sich der Nachwuchs am eigenen Kinderwaschbecken säubern, muss der Installateur auch das zur Leitungsplanung wissen. Für Wanne und Dusche brauchen Sie Mischerhebel, Auslauf und einen Brauseschlauch mit Duschkopf. Je nach Modell besteht die Armatur aus einer Einheit, zwei oder drei separaten Teilen. Davon hängt die Anzahl der Wasseranschlüsse ab, deren Position wiederum vom Sitz in der Wand oder auf dem Wannenrand. Und wohin mit dem Einlauf für die Wanne? Wer Angst hat, sich an einem auskragenden Hahn zu verletzen (oder wem er einfach nicht gefällt), der nimmt ein Überlaufventil, das auch als Auslauf fungiert: Es sitzt flach in der Wannenwand.

Sanitärobjekte wählen Installateurbetriebe arbeiten meist mit einem Großhändler zusammen, in dessen Badausstellung Sie Ihre Badezimmereinrichtung aussuchen. Dort sitzen auch Verkäufer, die Ihr Bad planen – ideenreich oder langweilig. Lassen Sie sich verschiedene Vorschläge machen, und überlegen Sie zu Hause in Ruhe, ob sie zu Ihren Bedürfnissen und Ihrem Geldbeutel passen. Lassen Sie sich vom Großhändler den Komplettpreis zusammenstellen: Wanne und Dusche mit Abtrennung, Waschbecken und WC, Spülkasten und Armaturen machen in einem Bad der Mittelklasse etwa die Hälfte der Kosten aus. Die andere Hälfte zahlen Sie für allerlei merkwürdiges Einbau-Zubehör wie Wannenfüße und Ablaufgehäuse, Rohrunterbrecher und Wandanschlussbögen. Daran sollten Sie nicht sparen. Droht das Bad Ihren Etat zu sprengen: Sichtbare Teile können Sie ohne Aufwand austauschen, wenn Sie mehr Geld haben – sparen Sie an Waschbecken, Klo und Möbeln. Einbaumaterial, das in Wand oder Boden verborgen ist, muss ebenso perfekt sein wie die Armaturen. Über Billigangebote ärgern Sie sich spätestens in einem halben Jahr, wenn es unerklärlich aus dem Siphon müffelt oder Mischerhebel klemmen.

Abstände einplanen Ausreichend Abstand zwischen den einzelnen Badobjekten lässt Ihnen Bewegungsfreiheit. Planen Sie vor Wanne und Dusche sowie vor Bidet und WC eine mindestens 75 Zentimeter tiefe Freifläche ein, vor der Wanne sollte sie 90 cm tief sein. Die Abstände zwischen den Objekten werden jeweils von der Mitte der Vorderkante gemessen: Rechts und links von Waschbecken und Toilette brauchen Sie etwa 20 Zentimeter Ellbogenfreiheit, neben dem Bidet 25 Zentimeter. Zeichnen Sie den Grundriss Ihres Badezimmers im Maßstab 1:20 auf Millimeterpapier, 1 Meter entspricht 5 Zentimetern auf dem Papier. Messen Sie auch die Fenster und Türen aus und überlegen Sie, wo der Heizkörper sitzen wird. Übertragen Sie die Daten maßstabgetreu. Fertigen

Welches Material für Sanitärobjekte?

Gusseiserne Nostalgiewannen speichern Wärme gut, sind unempfindlich gegen Flecken und Kratzer – und teuer. Emailliertes Stahlblech sieht genauso aus und ist viel billiger. Das Material lässt sich schlecht formen. Wannen aus Kunststoff gibt es in zahlreichen Variationen. Acrylwannen kosten mehr als Stahlemailwannen, Acrylduschen weniger als Stahlemailduschen. Wer Materialien kombiniert: auf Farbunterschiede achten.

tipp

Eine Photovoltaik-Anlage verwandelt Licht in Strom, Überschuss fließt gegen Vergütung ins öffentliche Stromnetz – wie viel, registriert ein Rückspeisezähler. Produziert die Anlage wenig, kauft man Energie dazu – eine separate Uhr misst den Verbrauch. Der Motor für die Wärmepumpe wird per Billigtarif gespeist, er wird an einer separaten Uhr abgelesen.

Sie Schablonen Ihrer Wunschobjekte und schieben Sie die Pappstücke so lange hin und her, bis ihre Position stimmt. Zu mühsam? Klicken Sie sich ins Internet: Bädertipps gibt es unter www.haus.de/einrichten. Wer mehr als ein Drittel seines Jahreseinkommens in ein Bad investiert, mag nicht jeder Mode nachlaufen. Weiße Becken-Klassiker lassen sich ergänzen: trendy mit Zubehör aus Chrom, ländlich mit Holz, cool mit Glas und frech mit Farbe.

Elektroinstallation

Einen Großteil der Elektroinstallation müssen Sie dem Meister überlassen. Zu Ihrer Sicherheit darf nur er Verteiler- und Sicherungskästen einbauen und anschließen, Abzweigdosen verdrahten, Schalter und Steckdosen anschließen. Sparpotenzial steckt für Sie in Kräfte raubendem Schlitze schlagen, Wände aufstemmen und Decken durchbohren und in fast erholsamen Tätigkeiten wie Leerrohre und Strippen ziehen und Leerdosen eingipsen.
Die Bausteine Ihr Elektroplan zeigt den Verlauf der Leitungen, die Anzahl und Position von Schaltern, Steckdosen und Lichtauslässen und die Anschlüsse von Telefon, Internet und Antenne. Möchten Sie sich für die Zukunft rüsten, verlegen Sie parallel zu den Stromleitungen auch Steuerleitungen für EIB-Technik, mit der Sie Schalter, Geräte und die Heizung zentral regeln können – zu Hause oder auf Reisen über Handy oder Computer.
Stegleitungen In Stegleitungen liegen die einzelnen Stromkabel nebeneinander, die Leitung ist flach. Man nagelt oder klebt sie direkt aufs Mauerwerk und versteckt sie später im Innenputz. Damit der Putz solide haftet, sollen zwischen zwei Stegleitungen wenigstens zwei Zentimeter Zwischenraum liegen. Stegleitungen kosten weniger als Mantelleitungen und sind schneller montiert – sparen Sie aber nicht am falschen Ende: Die parallelen Kabel einer Stegleitung können Störungen verursachen, deswegen darf man sie nur in »trockenen« Räumen verlegen, nicht in Küche und Bad. In Mantelleitungen sind die Kabel zu einem Strang gebündelt, ein dicker, runder Kunststoffmantel schützt sie. Solche Leitungen gelten als qualitativ höherwertig und man darf sie in Feuchträumen verwenden – Sie erkennen dies an der Bezeichnung »NYM« auf der Rolle. Für den Anschluss von Elektroherd und Gartenbeleuchtung und zum Erden von Metall-Bauteilen gibt es Spezial-Mantelleitungen, fragen Sie Ihren Elektriker. Zum Überputzen sind sie allesamt zu dick, man legt sie in Wandschlitze, zieht sie durch Leerrohre in der Wand oder – falls Sie sich für Geschossdecken aus Fertigteilen entschieden haben – in die Nut zwischen zwei Elementen. Im Keller wäre es zu aufwendig, Schlitze in den Beton zu fräsen. Dort verlegt man Mantelleitungen auf der Wand. Wer sich daran stört, deckt sie mit einer Plastikschiene ab.
Erdung Als das Fundament für den Rohbau gegossen wurde, haben Sie Fundamenterder und Anschlussfahnen eingelegt – siehe Seite 66. Die Anschlussfahne im Hausanschlussraum kommt jetzt zum Einsatz: Der Elektriker montiert daran eine Potenzial-Ausgleichsschiene und klemmt in diese Schiene die Mantelleitungen von Stahlemailwanne, kupfernen Heizungsrohren und Elektroan-

schluss-Schrank. Über diese Schiene werden eventuell auftretende Spannungsunterschiede zwischen Metallbauteilen (bei Blitzschlag 100 000 Volt möglich) und Erdboden (null Volt) ausgeglichen – das schützt Sie bei Berührung vor elektrischem Schlag.

Schutz vor Elektrosmog Direkte Stromberührung ist gefährlich, das weiß jedes Kind. Forscher untersuchen, ob Strom auch indirekt schadet. Die Studien zu bewerten ist schwierig, denn viele Einflüsse wirken gleichzeitig. Gesetze bestimmen Grenzwerte für Emissionen im Freien, nicht für drinnen. Insgesamt ist man noch auf Vermutungen angewiesen. Wer sich durch Elektrosmog gefährdet fühlt, kann die Belastung reduzieren: Wände schützend verputzen und eine ableitende Armierung einlegen, abgeschirmte Kabel verlegen und Netzfreischalter installieren, die den Stromkreis nur bei Bedarf aktivieren. Sobald man ein Kabel unter Spannung setzt, entsteht ein Feld elektrischer Wellen – auch wenn kein Strom verbraucht wird. Materie, etwa eine Mauer, schirmt elektrische Felder fast vollständig ab. Leitungen in der Wand, Geräte- oder Verlängerungskabel erzeugen jedoch elektrische Felder. Werden Geräte eingeschaltet, fließt Strom, und es entstehen zusätzlich magnetische Felder. Sie durchdringen alle Materie, auch Hausmauern. Wir sind ihnen ständig ausgesetzt – je größer der Abstand, desto schwächer das Feld. Kabel leiten Wellen von 1 bis 30 000 Schwingungen pro Sekunde. Über 30 000 Hertz »verschmelzen« elektrische und magnetische Wellen zu elektromagnetischen Wellen. Sie übertragen Energie durch die Luft (Mobilfunk, TV) und wirken auf Elektroimpulse der Körperzellen.

Energielieferant Seit Aufhebung des Strommonopols im Jahre 1998 darf jeder selbst entscheiden, wer ihm elektrische Energie liefert. Über die Hälfte aller Stromverbraucher fühlt sich über die Angebote der Stromanbieter schlecht informiert. Ihr Elektriker wird Baustrom für die Baustelle vom örtlichen Netzbetreiber oder Stromversorger beantragen – weil er das immer so macht und ihm gleich ist, was Sie zahlen. Vergleichen Sie die Preise: Sie setzen sich zusammen aus einer monatlichen Grundgebühr und verbrauchten Kilowattstunden.

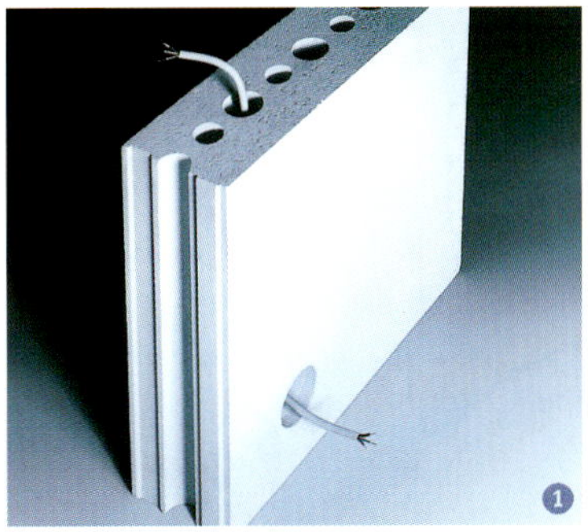

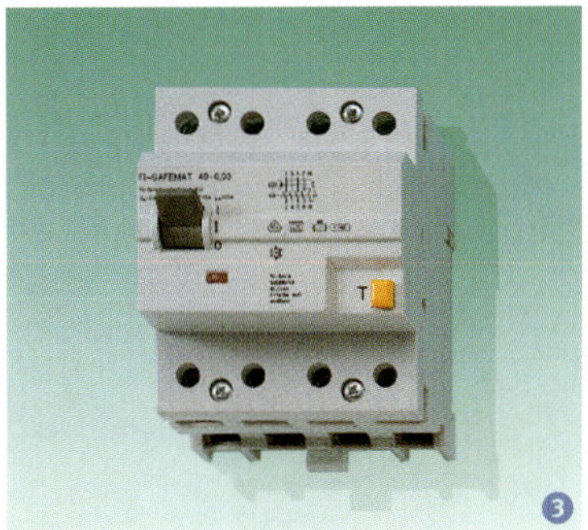

Technik für Komfort und Sicherheit:

1 Der Kalksandstein reserviert Installationskanäle für Elektrokabel in der Wand und spart das Schlitzeschlagen.

2 Blitzschlag erzeugt Überspannung. Diese Steckdose schaltet ab, Haushaltsgeräte und PC bleiben heil.

3 Das Kästchen, ein so genannter FI-Schutz, erfasst Fehlerströme und schaltet ein defektes Gerät in 2 Millisekunden vom Netz.

4 Fernseh-, Internet- und Telefonnetz werden in einem Multimediakabel vereint, so können die Geräte an jede Dose andocken.

5 Fenster-, Tür-, Brand- und Bewegungsmelder senden ihre Infos an die Zentrale der Alarmanlage.

6 Wer Elektrosmog fürchtet, kann auf der Fassade eine Armierung aus Metallfäden mit einer leitfähigen Beschichtung anbringen.

Wer viel Strom verbraucht, etwa 3 000 bis 4 000 kWh pro Jahr, fährt günstig mit hoher Grundgebühr und niedrigem Tarif. Stromsparer mit einem Jahresverbrauch bis 2 000 kWh zahlen weniger mit niedriger Grundgebühr und höheren Preisen für die Kilowattstunde. Vergleichen Sie die Bruttopreise – sie enthalten Mehrwert- und Stromsteuer und die Gebühren für Zähler und Durchleitung. Schauen Sie auch die angebotenen Vertragslaufzeiten an – günstig sind drei Monate mit einmonatiger Kündigungsfrist. Dann können Sie den Anbieter wechseln, also auf Strompreiserhöhungen rasch reagieren.

Anbieterwechsel Verbraucherschützer raten dringend davon ab, selber beim alten Versorger zu kündigen – Briefe, Faxe und Anrufe versanden in überlasteten Call-Centern. Der Vertrag mit dem neuen Anbieter enthält eine Vollmacht, sie ermächtigt den neuen Stromlieferanten zur Kündigung in Ihrem Namen. Sie möchten sich nicht selbst um den günstigsten Anbieter kümmern? »Strompools« bündeln die Anfragen von Kunden und handeln mit den Stromerzeugern günstigere Tarife aus. Eine Liste mit Strompools finden Sie im Internet unter www.stromtarife.de

Ökostrom Strom aus Atomkraft, Steinkohle oder Braunkohle gilt als umweltbelastend. Ökologisch orientierte Bauherren bevorzugen Energie, die aus erneuerbaren Quellen gewonnen wird: Sonne und Wind, Wasser und Erde, Biomasse und Biogas, Meeresströmung und Gezeiten. Gütesiegel wie das »Grüner Strom Label« (Info: www.eurosolar.org) garantieren umweltverträgliche Stromerzeugung. Rund zehn Prozent des Stromverbrauchs in Deutschland wird aus regenerativen Quellen produziert. Die Erzeuger von Umweltstrom bekommen weniger Subventionen als Kohle- und Atomkraftwerke, Ökostrom kostet deshalb mehr.

Wie kommt Ökostrom ins Haus? Durchleitung nennt man die Stromlieferung vom Erzeuger zum Verbraucher. Es hat jedoch nicht etwa jeder Lieferant seine Leitung, alle speisen in ein gemeinsames Netz ein – in Mengen nach Kundenanteilen. Der eingespeiste Strom lässt sich nicht trennen. Es kann also sein, dass jemand mit »Ihrem« Ökostrom fernsieht, während Ihre Wärmepumpe mit Atomstrom läuft. Unabhängige Gutachter kontrollieren jedoch, dass die Menge Ökostrom ins Netz gespeist wird, für die Sie zahlen. Was ist bei Windstille oder an düsteren Tagen? Wenn regenerative Quellen nicht genügend Strom hergeben, muss der Netzbetreiber einspringen – er ist verpflichtet, die Versorgung zu gewährleisten. Dafür darf er aber auch seine Preise berechnen.

Strom sparen Strompreise steigen stetig, Sparen entlastet Geldbeutel und Umwelt. Bevor Sie mit Ihren alten Elektrogeräten in den Neubau umziehen: Leihen Sie sich von der Verbraucherzentrale oder einem Energieversorgungs-Unternehmen ein Strommessgerät aus, meist ist dieser Service kostenlos. Das Gerät wird zwischen Steckdose und Gerät angeschlossen und kommt Stromfressern auf die Spur: Vergleichen Sie Ihre Daten mit den Verbrauchswerten sparsamer Elektrogeräte. Die finden Sie zum Beispiel in den Katalogen großer Versandhäuser. Neue Elektrogeräte tragen ein EU-

Elektroleitungen sicher installieren: Wo Lichtschalter sitzen und Schutzzonen frei bleiben

Elektroleitungen müssen senkrecht und waagerecht verlegt werden, nie diagonal, sonst lassen sie sich später nicht mehr orten. Lichtschalter für Wohnräume montiert man im Raum, gemessen ab der Oberfläche des Fußbodenbelags, in 100 cm Höhe neben die Türklinke. Achten Sie an jeder Tür auf die Anschlagrichtung, damit Sie nicht um das Türblatt herumgreifen müssen. Sind die Hausbewohner eher größer als 1,85 m, setzt man die Schalter höher; leben Rollstuhlfahrer im Haus, sind Schalter in Sitzhöhe auf etwa 70 cm bequemer. Steckdosen lassen sich gut erreichbar neben oder unter den Lichtschaltern anbringen. Lässt man dem Elektriker freie Hand, montiert er die Steckdosen aber wie üblich 30 cm über dem Fußbodenbelag – man muss sich bücken, älteren Bauherren fällt das vielleicht schwer. Im Badezimmer gelten Schutzzonen: Im Abstand von 60 cm rund um Wanne und Dusche sind Schalter und Steckdosen absolut tabu. Das gilt auch für Waschbecken, deren Armatur mit einem herausziehbaren Brauseschlauch ausgestattet ist. Bis zu 3 m Abstand von Badewanne und Dusche müssen Steckdosen mit einem Fehlerstrom-Schutzschalter (FI-Schutz) abgesichert werden. Badobjekte aus Metall erdet der Installateur über den Potenzialausgleich.

tipp

Energielabel, es zeigt in der ersten Zeile die Energieeffizienzklasse an: »A« verbraucht am wenigsten Strom. Haben Sie die Wahl zwischen zwei »A«-Geräten: Vergleichen Sie die detaillierten Verbrauchsangaben, auch sie stehen auf dem Label. Zeigen sich krasse Unterschiede zwischen Ihren betagten Geräten und modernster Technik, sollten Sie Ihr Baubudget prüfen: Vielleicht enthält es noch eine Reserve für Neuanschaffungen. In vielen Haushalten machen Kühl- und Gefrierschränke mehr als 40 Prozent des jährlichen Stromverbrauchs aus. Bevor Sie neue Kühlboxen kaufen: Null-Sterne-Kühlschränke, also solche ohne Frostfach, ziehen 20 Prozent weniger Strom aus der Steckdose als Geräte mit Sternefach – was Sie darin unterbringen möchten, hat gewiss auch im Gefrierschrank Platz. Stellen Sie Kühlgeräte in der Küche nicht neben Herd, Geschirrspüler, Waschmaschine oder Heizung und lassen Sie keine Sonne draufscheinen. Gefrierschrank oder -truhe stellen Sie besser in den kühlen Keller. Tauen Sie die Geräte regelmäßig ab, eine dicke Eisschicht treibt den Stromverbrauch in die Höhe.

Sparsam waschen und spülen Noch vor zehn Jahren wusch die Hausfrau Hemd und Hose in 100 Liter Kochendwasser und zapfte dafür zwei Kilowattstunden Strom pro Waschgang. Inzwischen weiß man, dass nur Säuglings- und Krankenwäsche gekocht werden muss. In zeitgemäßen Haushalten dümpeln Baumwolle und Leinen bei 60 Grad durch die Lauge – daher zählen Hersteller heute, wie viel Wasser und Strom Geräte für einen Waschgang bei dieser Temperatur benötigen. Herkömmliche Maschinen verbrauchen 80 Prozent dieses Stroms, um die Lauge zu erwärmen. Achten Sie beim Geräteneukauf auf einen Warmwasseranschluss. Warmes Wasser lässt sich vom Brauchwassertank in die Maschine leiten – sinnvoll, wenn beide nahe beieinander stehen. Dient Ihnen Ihre Geschirrspülmaschine schon zehn Jahre oder länger, duscht sie Porzellan und Glas pro Spülgang mit 30 Litern Wasser und schluckt rund 1,7 Kilowattstunden Strom. Der neueste Stand der Technik liegt bei 14 Litern Wasserverbrauch und 0,8 kWh Strom je Durchlauf. Experten streiten, ob sich ein Warmwasseranschluss für die Spülmaschine lohnt. Öko-Tester raten zu, sofern das Wasser solar erwärmt wird oder Heizquelle und Gerät nahe beieinander stehen. Sonst hebt sich der Energiespareffekt auf durch Wärmeverluste im Leitungsnetz und Mehrverbrauch des Heizkessels. Der Eimer-Test bringt Gewissheit – lesen Sie den Kasten rechts.

Preise
Heizung und Bad

Produkt	Preis in Euro
Öl-Brennwertkessel, 18–22 kW, mit Regelung	2610
Gas-Brennwertkessel, 18–22 kW, mit Regelung	2400
Gas-Brennwertkessel, 6–9 kW, wandhängend	2700
Festbrennstoffkessel, 25–32 kW	4500
Badewanne, Stahlemail, 170 x 75 cm	175
Waschtisch, Keramik, 55 x 44 cm	115
Duschwanne, Stahlemail, 80 x 80 x 15 cm	120
WC, Keramik, wandhängend	188
Bidet, Keramik, wandhängend	297
Waschtischarmatur, Einhebel	73
Wannenarmatur, Einhebel, Aufputz	133
Duscharmatur, Einhebel, mit Anti-Kalk-Handbrause	82

Blitzschutz

Für Häuser auf Kuppen und mit »weicher« Bedachung wie Reetgras kann das Bauamt eine Blitzschutzanlage vorschreiben. Andernfalls entscheiden Sie selbst, wie viel Sicherheit Sie einbauen. Senkrechte Metallstifte an First, Schornstein und Gaube bieten Blitzen Einschlagspunkte. Sie leiten die Spannung in den Blitzableiter – ein diagonal über das Haus verspanntes Metallprofil, das mit dem Fundamenterder verbunden ist. Dieser äußere Blitzschutz sichert das Gebäude, nicht die Geräte im Haus – nur wenige benötigen einen Überspannungsschutz. Sinnvoll ist er für teure Hifi- und TV-

Eimer-Test für die Spülmaschine

Ob sich mit einem Warmwasseranschluss für die Spülmaschine Strom sparen lässt, testen Sie so: Lassen Sie eine Stunde lang alle Wasserhähne im Haus zu. Öffnen Sie dann den Hahn, der am nächsten an der Spülmaschine sitzt, und fangen Sie das Wasser auf. Warten Sie, bis handwarmes Wasser von ungefähr 35 Grad austritt. Schließen Sie den Hahn, und messen Sie den Eimerinhalt: Es sollten weniger als drei Liter sein.

info

Wenn man Heizflächen groß anlegt, lässt sich mit lauen Temperaturen ausreichend heizen. Dann kann die Raumluft ein bis zwei Grad kühler bleiben, so spart man etwa zehn Prozent Heizenergie. Darüber lassen sich bequem und sauber Trockenestrich-Elemente verlegen, man kann sie nach einem Tag betreten und fliesen.

Anlagen und Arbeitsgeräte wie Computer, Drucker, Telefon. In jedem Fall genügt es, bei Gewitter die Antennen- und Netzstecker zu ziehen.

Estrich

Geschossdecken aus Ortbeton gelingen trotz sorgfältigen Gießens nie ganz eben und die Verfugung zwischen Fertigelementen nicht plan. Wer Teppich oder Fertigparkett-Elemente, Fliesen oder Linoleum direkt auf die Rohdecke legt, riskiert Dellen, Ritzen und Bruch. Estrich bildet einen ebenen Unterbau für Bodenbeläge, je nach Material erhöht er zugleich den Schall- und Wärmeschutz für die Decke. Nur unter Holzdielen und massivem Parkett können Sie auf Estrich verzichten: Die Beläge nagelt oder schraubt man auf eine Unterkonstruktion aus Lagerhölzern; Holzkeile unter den Kanthölzern gleichen schiefen Untergrund aus.

Trockenestrich Trockener Estrich besteht aus mehrlagigen Platten, die direkt auf die Rohdecke gelegt werden oder, falls diese sehr uneben ist, auf eine Trockenschüttung. Die Nut- und Federplatten gibt es als handliche Quadrate im Format von 20 x 20 oder 33 x 33 Zentimeter. Die 20 bis 25 Millimeter dünnen Platten dämmen Schall schlecht, lassen sich aber leicht und schnell verlegen, auch von Heimwerkern. Sie schaffen in einer Stunde vier Quadratmeter, Profis das Doppelte. Zementgebundene Holzspanplatten sind nicht brennbar und verträglicher für Umwelt und Gesundheit als kunstharzgebundener Trockenestrich, aber auch dreimal so teuer. Als Unterbau für Fliesen eignen sich Holzspanplatten nicht, und die Platten dürfen ein Format von 20 x 20 Zentimeter nicht überschreiten. Gipsgebundenen Trockenestrich gibt es in Form von Sandwich-Elementen mit aufkaschierter Trittschall-Dämmplatte aus Mineralfaser oder Polystyrol. Ein Winkelschleifer oder eine Stichsäge bewältigt die Zuschnitte. Epoxidharz-Kleber verbindet die Kanten und festigt die Estrichfläche wie ein tragendes Gerüst, Spachtel schließt und glättet Fugen. Wer zwei Lagen verlegt, muss nur die obere Schicht verkleben. Nach einem Tag ist der Kleber gehärtet und der Belag belastbar.

Fließestrich Vor Ort gegossener Nass-Estrich aus Zementmörtel oder Asphalt ist stabiler als Trockenestrich und empfehlenswert unter keramischen Fliesen und dort, wo Böden wasserdicht sein sollen. Die Verlegung von Fließestrich überlassen Sie einem Fachbetrieb. Das Material fließt per Schlauch 60 Meter weit ins Haus, es füllt und nivelliert von selbst schräge Böden und Dellen. Maschinell sind in drei Stunden 300 Quadratmeter fertig. Zementestrich aus Zement und Sand ist nach drei bis vier Tagen begehbar, der Bodenbelag darf aber frühestens in vier, besser sechs Wochen drauf. Anhydritestrich aus wasserfreiem Gips und Quarzsand fließt besser, reißt seltener und schwindet weniger als Zementestrich. Das Material ist nach 24 Stunden belastbar, nach einer Woche können Sie mit dem Bodenbelag beginnen. Anhydritestrich leitet Wärme gut und empfiehlt sich über Fußbodenheizungen – allerdings nicht in Feuchträumen, denn Nässe zersetzt ihn. In Bad, Küche und Waschraum sollten Sie Estrich aus Gussasphalt verwenden, er kostet mehr als Zementestrich, verkürzt aber die

Wartezeit und kann so unterm Strich Baukosten reduzieren. Gussasphalt wird draußen auf 250 Grad erhitzt und eimerweise ins Haus getragen, die Dämpfe enthalten krebserzeugende Stoffe – deshalb den Bau gut lüften! Das Material dämmt Wärme schlecht, lässt keine Feuchtigkeit durch, ist sofort trocken und nach drei Stunden kühl, dann können Sie den Bodenbelag montieren. Magnesitestrich besteht aus Magnesiumchloridlauge und Holzspänen oder Sägemehl, man nennt ihn auch Steinholzestrich. Für Bad und Küche eignet er sich nicht, denn Magnesit saugt Wasser. Architekten und Bauherren von Bio-Häusern verwenden ihn gern auf einer Sparschalung über Holzbalkendecken – das Material ist feuerhemmend und fußwarm.

Schwimmender Estrich Trennt eine Folie Rohdecke und Estrich, kann er ungehindert gleiten und reißt nicht durch Temperaturschwankungen. Die Folie verhindert auch, dass Betonfeuchte in die Dämmschicht kriecht – die Dämmung packt man unter den Estrich, damit Raumwärme nicht durch die Geschossdecke nach unten entweicht und Trittschall sich über Installationsrohre und Wände im ganzen Haus verteilt. Der Estrich »schwimmt« auf der Dämmschicht ohne starre Verbindung zu Wänden oder Leitungen; weich federnde Streifen aus Schaumstoff oder Mineralfaser rings an den Wänden und um die Rohre halten ihn auf Abstand und kappen die Wege der Trittschallwellen. Als Heizestrich bezeichnet man eine spezielle Form des schwimmenden Estrichs, er deckt das Heizschlangensystem der Fußbodenheizung ab. Dieser Dünnschichtestrich erhöht Böden nur um 15 Millimeter und leitet die Wärme rasch nach oben. Wesentlich billigerer Verbundestrich liegt ohne Dämmschicht direkt auf der Rohdecke. Er taugt nur in unbeheizten Räumen wie Garagen oder nicht bewohnten Glasanbauten, auch auf Balkon und Terrasse.

Kontrolle Der Estrich schwindet und reißt, wenn er zu rasch trocknet – im Hochsommer müssen Sie ihn vielleicht besprühen. Um die Gefahr gering zu halten, bildet man Estrichplatten maximal 4 x 4 Meter groß aus, Dehnungsfugen teilen weitläufigere Flächen. Befinden sich im Rohbau Dehnungsfugen, müssen diese im Estrich übernommen werden an derselben Stelle, in derselben Breite. Bauen Sie Anschlagsschienen für Haus- oder Terrassentür in den nassen Estrich ein, andernfalls müssen Sie später mühsam Kanten ausstemmen.

Beschichtung Manche Bauherren verzichten wegen momentanen Geldmangels auf Bodenbeläge. Andere tun es, weil sie auf Hausstaub oder bestimmte Materialien allergisch reagieren oder ihnen Teppich, Parkett und Laminat nicht gefallen. Eine robuste Kunststoff-Beschichtung versiegelt den Boden, schützt ihn vor Schmutz und Feuchte und verleiht rohem Estrich Glanz. Es gibt ein- und zweikomponentige Polyurethan-Produkte und zweikomponentiges Epoxid-Material. Beide sind auch lösungsmittelfrei erhältlich. Neuer, magnesit- oder zementgebundener Estrich ist erst nach einem Vierteljahr trocken genug, um ihn zu versiegeln. Feuchteempfindlicher Anhydritestrich wird durch Beschichten wasserbeständiger. Die Fotos oben zeigen, wie Estrich beschichtet wird.

Statt Parkett oder Teppichboden: Estrich beschichten

1. *Eine Armierung in der noch nassen Grundierung dämpft Spannung, damit die Beschichtung nicht reißt.*
2. *Flüssiger Kunststoff wird aufgewalzt, nach 12 Stunden eine zweite Schicht. Die Zugabe von Quarzsand macht sie rutschfest.*
3. *Dauerhaftes Finish, leicht zu reinigen.*

Wie kontrollieren wir den Estrich?

Parkett ist etwa 25 mm dick, Fliesen 10 mm. Wo Bodenbeläge sich treffen, muss unterschiedlich hoher Estrich Stolperschwellen ausgleichen. Markieren Sie in jedem Raum eine waagerechte Bezugslinie, und prüfen Sie anhand des Bauplans, ob der Estrich überall die vorgesehene Höhe aufweist. Lassen Sie seine Restfeuchte messen, bevor Sie darauf Fliesen, Parkett oder Teppich verlegen – sonst wirft sich der Bodenbelag.

info

Wände verschönern: Warten Sie, bis der Estrich ganz trocken ist. Wer ungeduldig darauf herumläuft, riskiert Dellen im Unterbau – später beult sich der Teppichboden aus, oder Fliesen brechen.

Innenputz

Innenwände aus sichtbarem Mauerwerk überstehen ohne Renovierung tapsende Babyhände und kratzende Hundepfoten, Tabakqualm und Ofenrauch, auch Farb- und Tapetenmoden. Puristen gewinnen Sichtmauerwerk besonderen Charme ab und erhalten sich mit ihm ein wenig Rohbau-Atmosphäre. Die Wände schauen griffig, natürlich und klar aus – aber ärmlich, wenn Steine und Fugen ein unruhiges Muster bilden oder der Maurer Mörtelspritzer hinterlässt. Unter Putz fallen gestückelte Steine nicht auf. In einer Sichtmauer soll, von ihrer senkrechten Mittelachse aus gesehen, das Steinformat aufgehen und ein harmonisches Bild ergeben. Zeichnen Sie zusammen mit Architekt oder Maurer einen exakten Lageplan der Steine, berücksichtigen Sie die Höhe der Lagerfugen und die Breite der Stoßfugen.

Einlagiger Putz Wer gemütliche Räume bevorzugt, tapeziert die Wände oder gestaltet sie mit Farbe. Ähnlich wie Estrich die Rohdecke für den Fußbodenbelag ebnet, so glättet Putz die rohen Wände und Deckenuntersichten für Tapete oder Anstrich. Und wie Sie unter Dielen oder Massivparkett auf Estrich verzichten können (s. Seite 98), benötigen Sie keinen Putz hinter Trockenbauplatten (Seite 102) oder einem Wandkleid aus Holz (Seite 109). Auf glatten, sauber gearbeiteten Rohbauwänden aus Porenbeton oder Kalksandsteinen genügt einlagiger Spachtel- oder Dünnputz aus Werktrockenmörtel. Er gelingt auch Heimwerkern, sie tragen in einer Stunde einen Quadratmeter auf. Bürsten Sie den Putzgrund, also die Wand, gründlich ab. Verspachteln Sie die Schlitze der Elektroleitungen, alle Löcher und – falls vorhanden – die Grifftaschen von Bausteinen. Die Schlitze der Wasserleitungen und Heizungsrohre schließen Sie mit Streifen einer Gipsfaserplatte, so bleiben sie leichter zugänglich für Reparaturen. Überdecken Sie die Spachtelstellen und Gipsfaserstreifen mit Gewebebahnen als Putzarmierung. Sichtbare Betonteile

Der Estrich reißt – wer hilft uns?

Bernhard Riedl vom Verband Privater Bauherren e.V. (V.P.B.)

»

Der Estrich zeigt drei Wochen nach dem Einbringen Risse, oder der Putz vertieft sich über Spachtelstellen. Wer ist schuld?
Ein Bausachverständiger kann klären, ob ein Baumangel vorliegt und wo die Ursache liegt. Er informiert Sie auch darüber, wie der Mangel zu bewerten und kostengünstig zu beseitigen ist.

Wo finden wir einen neutralen Bausachverständigen?
Rufen Sie die Industrie- und Handelskammer an, die Handwerkskammer oder den Bundesverband Freier Sachverständiger.

Wie geht es weiter, wenn der Sachverständige einen Baumangel feststellt?
Dann sollten Sie mit dem beauftragten Handwerksbetrieb Verhandlungen aufnehmen.

Welche Möglichkeit haben wir, wenn der Unternehmer sich stur stellt?
Fragen Sie die Industrie- und Handelskammer nach einem Schiedsgutachter oder wenden Sie sich an eine Schlichtungsstelle für das Baurecht. Sollten Sie sich mit dem Handwerker nicht einigen können, wenden Sie sich an eine dieser Stellen.

Wie finden wir denn solch eine Schlichtungsstelle?
Ob es in Ihrem Bundesland bereits eine Schlichtungsstelle gibt, erfahren Sie über die Architekten- oder Ingenieurskammern Ihrer Region oder über den Verband privater Bauherren unter dem Ruf 0180-524 82 48.

Sollen wir die Firma nicht lieber gleich verklagen?
Ein Rechtsstreit kann lange dauern und Sie teuer zu stehen kommen. Handeln Sie immer nach dem Grundsatz: Jede vermiedene Gerichtsverhandlung ist wie ein gewonnener Rechtsstreit.

An wen wenden wir uns, wenn wir in einer gerichtlichen Klage den letzten Ausweg sehen?
Falls Sie sich doch für eine gerichtliche Auseinandersetzung entscheiden, sollten Sie sich unbedingt einen kompetenten Anwalt suchen.

Der sollte sich ja besonders gut im Baurecht auskennen ...
Spezialisten finden Sie über die Deutsche Gesellschaft für Baurecht unter dem Ruf 069-74 88 93, über den Verband Privater Bauherren oder im Internet unter www.anwaltsuchservice.de

«

Nassputz glättet massive Rohbauwände, sofern man die Anwurftechnik beherrscht. Heimwerker tun sich leichter mit Trockenputz aus Gipsplatten.

wie Fensterstürze brauchen einen Spezialanstrich als Haftbrücke. Gipsen Sie Putzprofile ein an Fenster-, Tür- und Kaminkanten. Sie schützen die Mauerecken und geben gleichzeitig die Mindestputzdicke von 5 Millimetern vor. Beachten Sie die Vorschriften auf dem Mörtelsack: Manche Putze trägt man auf die trockene Wand auf, für andere muss die Mauer vorgenässt werden. Verputzt wird von der Decke aus zum Fußboden, den Putz zieht man jeweils in einer Handbewegung von unten nach oben auf, verteilt und glättet ihn sofort. Plastikfolie oder dicker Pappkarton hält den Estrich rein von herabfallenden Putzbatzen. Nach ein, zwei Stunden reiben Sie kleine Unebenheiten aus dem fertigen Putz mit einem nassen Filzbrett. Es hinterlässt eine raue Struktur. Gefällt Ihnen glatter Putz besser, ziehen Sie die Putzoberfläche mit einer feuchten Traufel ab.

Mehrlagiger Putz Einlagiger Putz sollte höchstens 10 Millimeter dick aufgetragen werden – zu dünn für Unebenheiten und Rillen von groben, rauen Baustoffen. Zum Ausgleich von Vertiefungen mit mehr als 2 Zentimetern braucht man zwei plan gezogene Putzlagen, je nach Untergrund zusätzlich eine Trägerschicht aus sprenkeligem Spritzputz. Die übliche Putzstärke liegt bei 15 Millimetern. Stehen Wandteile oder Fensterleibungen nicht lotrecht, lassen sich mit Putz Dellen bis 40 mm Dicke ausgleichen. Um Lufteinschlüsse zwischen Mauer und Putz zu vermeiden, wirft man den Putz mit gekonntem Schwung an die Wand und verdichtet ihn dadurch, oder man spritzt den Putz maschinell auf. Die Festigkeit des Putzmaterials muss jedoch von der ersten über die zweite zur dritten Lage abnehmen, damit alle Schichten aufeinander haften und beim Trocknen nicht reißen. Das alles kriegen Laien nicht hin, Profis erledigen diese Arbeit besser und schneller.

Putz-Material Innenputz soll die Wandoberfläche ebnen als Untergrund für Anstrich, Tapete oder Fliesen, und er soll bei hoher Luftfeuchtigkeit Wasserdampf aufnehmen und ihn an die trockene Raumluft abgeben. Menschen schwitzen, kochen und waschen, und Zierpflanzen verdunsten Wasser: Tag für Tag hängen in der Raumluft eines Hauses um die 14 Liter Feuchtigkeit. Je besser der Putz sie aufnimmt und wieder abgibt, desto gesünder das Raumklima. Kunstharzputz ist eine Wandbeschichtung, die nur aussieht wie Putz. Sie wird im Werk aus Sand, Pigmenten und Polymerisatharz gemischt und als pastöses Material auf die Baustelle geliefert. Auf der Fassade weist Kunstharzputz Regen ab, in Innenräumen gilt diese Eigenschaft als schlecht. Mineralputz-Mörtel reguliert Raumfeuchte besser, der Putzer oder Gipser mischt ihn vor Ort aus Sand, Wasser und mineralischem Bindemittel. Es gibt unterschiedliche Bindemittel,

Putz: So kriegen Sie den Bogen raus

Putz muss locker aus dem Handgelenk von der Kelle auf die Wand fliegen. Die Anwurftechnik: Sie drehen eine Schulter zur Wand, stellen den Mörtelbottich vor die Füße, heben Putz auf die Kelle, kippen diese gegen die Wand und schleudern den Fladen über den Rand, während sie die Kelle nach oben und außen wegziehen – der Bewegungsablauf gleicht einem Halbkreis. Üben Sie das Anwerfen von Putz an einer Kellerwand.

tipp

sie geben den Putzmörteln ihre Namen. Kalkmörtel ist stark durchlässig für Wasserdampf – in Küche und Bad kann er sich dauerfeucht vollsaugen, in Wohn-und Schlafräumen und in Arbeitszimmern puffert er Feuchte wohltuend. Kalkmörtel ist wenig druckfest, Kinderzimmerwände sehen rasch schäbig aus. Das Material eignet sich nicht als Untergrund für Kunstharzputz und Dispersionsfarbe und soll nur mit Silikatfarben gestrichen werden – wegen langer Aushärtungszeit frühestens nach einem halben Jahr. Mischt man dem Kalkmörtel Zement bei, wird er härter und widerstandsfähiger, nimmt aber weniger Wasserdampf auf. Wo davon nicht viel entsteht – in Diele, Flur und Treppenhaus –, bleiben Wände hinter Kalkzementputz länger schön.

Spezialputz Mörtel mit Zement als einzigem Bindemittel ist besonders druckfest und dadurch starr. In Wohnräumen nimmt er zu wenig Wasserdampf auf, man nutzt diese Eigenschaft für das Verputzen von Fassaden. Gipsmörtel puffert rasch große Mengen Raumfeuchte und trocknet schnell. Er übersteht auch Spitzenzeiten von Duschdampf im Bad und Dünsten in der Küche, nur Dauerfeuchte schadet: Wände in Sauna und Schwimmbad lieber mit Mörtel aus Kalkzement oder Zement verputzen.

Gestaltungstipps Fliesenbelag und Kunstharzbeschichtung, Metallfolien und Kunststofftapeten decken Putz wie eine Feuchtigkeitssperre ab, Sie sollten diese Materialien sparsam verwenden. Verfliesen Sie die Wand hinter der Dusche raumhoch, alle übrigen Wände in Bad und Gäste-WC nur bis zur halben Höhe, und lassen Sie darüber Dampf an den Putz. Wände mit diffusionsoffenem Anstrich gelten als die gesündesten und kosten am wenigsten. Die Sandkorngröße des Mörtel-Zuschlags und die Putzweise bestimmen, ob die Oberfläche rau und rustikal aussieht oder glatt und elegant. Glattputz: Mit Filzscheibe oder Glättekelle erhalten Sie eine feine Putzoberfläche – Gipsmörtel lässt sich sogar ganz ohne Sand mischen

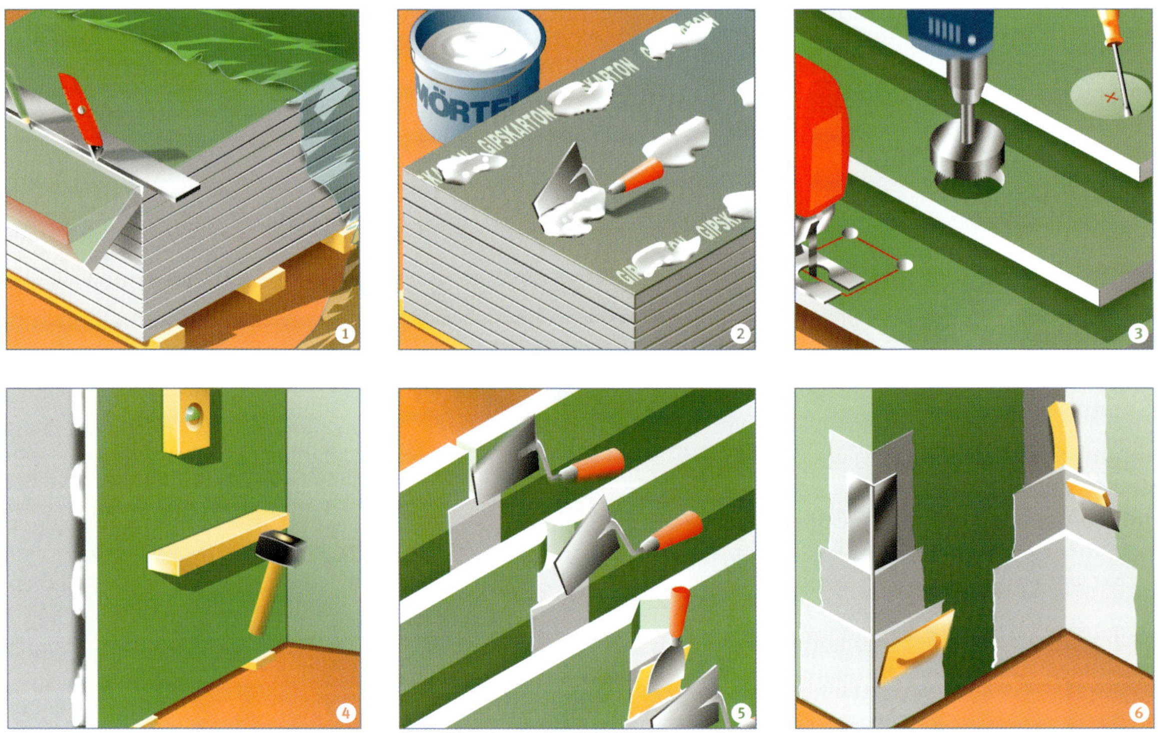

Wände trocken verputzen:

1. *Material zuschneiden: Linie anzeichnen, anritzen, dann brechen oder durchsägen und Kanten schleifen.*
2. *Mörtel auftragen: Batzenweise alle 30 cm auf die Rückseite setzen.*
3. *Ausschnitte fertigen: Vorbohren, mit der Stichsäge von Bohrpunkt zu Bohrpunkt schneiden – oder einfacher arbeiten mit Zylinderbohrer oder einem Stichling.*
4. *Platten anbringen: Plattenabstand zum fertigen Fußboden 10 mm, zur fertigen Decke 5 mm. Unten auf Keile setzen, mit der Wasserwaage lotrecht ausrichten, per Gummihammer und Beiholz sanft festklopfen.*
5. *Nähte schließen: Bruchkanten erst grob, dann fein verspachteln. Für Rundkanten reicht ein Arbeitsgang.*
6. *Ecken bearbeiten: An Außenecken Eckschiene einspachteln, Innenecken mit gefalzten Papierstreifen stärken.*

und superglatt abziehen, dann schimmern die Wände seidig. Rollputz: Wer der obersten Putzschicht Rollkorn beigibt und sie mit einer Holzscheibe längs, quer und/oder im Kreis reibt, modelliert Strukturen in die Oberfläche. Ein Nagelbrett kratzt in halbfesten Oberputz Rillen (Kratzputz), eine spezielle Spritzpistole sprenkelt Putztupfen auf (Spritzputz). Frisch abgezogener Mörtel lässt sich mit einer Kelle zu Schuppen formen (Kellenstrichputz), Waschen mit Bürste arbeitet bunte Steinkörnchen plastisch heraus (Waschputz).

Trockenputz

Die Wände fachgerecht zu verputzen und die Putzoberfläche dekorativ zu gestalten, erfordert Übung und Geschick, Körperkraft und Spezialwerkzeuge. Für Heimwerker geeignetes Zierputz-Material kostet mehr als Putz, der für die professionelle Verarbeitung hergestellt wird – fragen Sie Ihren Putzer, wie viel er für den fertig strukturierten Innenputz verlangt, und rechnen Sie nach, ob sich Eigenleistung rentiert. Wenn Sie den Untergrund für Anstrich, Tapete oder Fliesen selbst vorbereiten möchten, bringen Sie Gipsplatten an – sie machen rohe Mauern rasch wohnlich. Diese Art, Wände zu glätten, nennt man Trockenputz. Wie Sie die Arbeit richtig ausführen, zeigen die Zeichnungen links. Es gibt Platten aus Gipskern im Kartonmantel (Gipskartonplatten) und Gipsplatten mit einer Armierung aus Zellulosefasern (Gipsfaserplatten) – sie sind teurer, härter und druckfester. Beide Arten werden mit Ansetzmörtel auf der Wand befestigt. Untergrund Trockenbauplatten gibt es in unterschiedlichen Formaten – raumhohe und so genannte »Ein-Mann-Platten«, die Sie allein tragen können, auch als Frau. Für Bad und Küche sollten Sie feuchtraumgeeignetes Material kaufen – imprägnierte Platten tragen die Bezeichnungen GKBI oder GKFI. Entfernen Sie Mörtelreste und lockere Teile von der Rohbauwand, waschen Sie Schal-Öl von Betonwänden mit lauwarmem Wasser und Bürste ab. Kleine Unebenheiten bis 2 Zentimeter gleicht der Ansetzmörtel aus, flächige Unebenheiten können Sie mit einem Streifen Gipsplatte auffüttern. Vermörteln Sie die Platten vollflächig, wenn Sie schwere Gegenstände wie Waschbecken auf der Wand befestigen wollen, andernfalls genügt es, den Spezialmörtel batzenweise im Abstand von etwa 30 Zentimetern auf die Rückseite zu setzen, unter Fliesenflächen etwas enger. Trockenbauplatten lassen sich wie herkömmlich verputzte Wände tapezieren (s. Seite 110) oder fliesen – dann die Flächen grundieren und den Belag mit Fliesenkleber anbringen. Die Fliesenabschlüsse müssen Sie dauerelastisch verfugen, damit Dusch- und Kondenswasser nicht in die Fuge zwischen Fliesenbelag und Gipsplatte dringt. Wollen Sie die Wände streichen, dann bereiten Sie die Gipsoberfläche vor mit einem Grundanstrich, damit Kunststoff-Dispersionsfarben, Ölfarben und Alkydharz-Lackfarben haften. Dispersions-Silikatfarben und Kalkfarben, Silikat- und Wasserglas-Anstriche eignen sich nicht auf Gipsplatten. Wenn Sie die Wände mit einem dieser Anstriche verschönern möchten: Kleben Sie vorher Raufaserbahnen auf die Trockenbauplatten.

Preise
Putz und Beschichtung

Produkt	Preis in Euro pro m²
Kunstharzputz, glatt gerollt, weiß	9,20
Kalkzementputz, 1-lagig	13,00
Kalkgipsputz, 1-lagig	10,00
Kalkgipsputz, 2-lagig	12,60
Strukturputz, Zellulose	10,40
Anstrich auf Beton, waschbeständige Dispersion	3,10
Anstrich auf Putz, Silikatfarbe	3,75
Anstrich auf Putz, Silikat-Dispersion	3,35
Anstrich auf Putz, waschbeständige Dispersion	2,95
Raufasertapete, weiß, grob	3,45
Vinyl-Kunststofftapete, ansatzfrei	10,20
Glasgewebe-Tapete, ohne Beschichtung	6,00
Wandfliesen, uni, 20 x 25 cm, im Dünnbett	38,00
Wandfliesen, weiß, 15 x 20 cm, im Dünnbett	40,00

Trockenputz: Standard und Extras

Platten aus Gipskarton oder Gipsfasern ebnen die Wand fürs Tapezieren, Streichen oder Fliesen – dafür genügt die Standardausführung. Sonderausführungen können mehr: Akustikplatten verbessern den Schallschutz, Verbundplatten die Wärmedämmung. Feuerbeständige Platten widerstehen Flammen, man erkennt sie an einer rötlichen Einfärbung. Grüne Gipsplatten sind hydrophobiert, also wasserabweisend ausgerüstet.

info

Treppenstufen aus Holz geben unter Schritten unmerklich nach, Tritt-Elastik schont die Gelenke in Fuß, Knie und Wirbelsäule. Wandlager mit Schalldämmung verhindern Lärmübertragung in Nachbarräume, die Ruhe tut den Nerven wohl.

Treppen

Treppauf, treppab – in Eile, mit Muße: Kleine Kinder krabbeln auf allen vieren, Jugendliche stürmen in kraftvollen Sätzen, Hausfrauen schleppen Wäschekörbe, ältere Menschen schreiten bedächtig. Jeder bräuchte eine eigene Treppe. Sie können nur eine bauen, einen Kompromiss für alle Hausbewohner. Treppennormen und Vorschriften erzwingen ein festgesetztes Maß an Sicherheit, lesen Sie den Kasten rechts. Einfache Vorschriften gelten für Treppen, die man selten benutzt, beispielsweise auf den unbewohnten Dachboden.

Bauvorschriften Haupttreppen zwischen Wohnräumen müssen strengere Auflagen erfüllen, im Wesentlichen sind diese in allen Bundesländern gleich. Abweichungen betreffen hauptsächlich die Abstände zwischen den Geländersprossen, die Stufen und ihre Höhe. In manchen Bundesländern etwa wird ein Geländersprossen-Abstand von höchstens 12 Zentimetern verlangt, in anderen Ländern gibt es dazu überhaupt keine Vorschrift.

Treppensteigung Fachleute nennen die Stufenhöhe Steigung, die Stufentiefe Auftritt. Alle Auftritte zusammen ergeben die Treppenlänge. Steile Treppen sind kürzer, mühsamer und gefährlicher zu begehen. Steigungen von 15 bis 20 Zentimetern sind im Haus üblich, am bequemsten sind 17 cm. Treppen blockieren zwischen drei und mehr als sechs Quadratmeter Wohnfläche. Wer preiswert bauen möchte, plant knappe Verkehrsflächen. Den Platzbedarf errechnen Sie so: Auftritt plus 2 mal Steigung sollte 63 cm ergeben, die übliche Schrittlänge eines Erwachsenen auf ebener Fläche. Angenommen, in Ihrem Haus beträgt der Höhenunterschied zwischen zwei Stockwerken 272 cm: Teilen Sie diese Geschosshöhe durch die idealen 17 cm Steigung – es ergeben sich 16 Stufen. Schrittlänge 63 cm minus zweifache Steigung (34 cm) ergibt einen Auftritt von 29 cm. So ermitteln Sie als Treppenlänge 464 cm, das sind 29 cm mal 16 Stufen. Oben und unten brauchen Sie jeweils 1 m Platz vor den Stufen, macht insgesamt 664 cm Platzbedarf – mal Treppenbreite von 80 bis 90 cm.

Platzbedarf Es gibt Tricks, Treppen kleiner zu bauen: Planen Sie die Treppen nicht hintereinander am Stück, legen Sie zwei kleinere Treppen mit jeweils halber Stufenzahl nebeneinander mit einem Zwischenpodest, es sollte wenigstens 100 cm breit sein. Andere Möglichkeit: Wählen Sie keilförmige Stufen statt rechteckiger – eine Wendeltreppe. Die Stufen sollten an ihrer schmalsten Stelle 10 cm nicht unterschreiten. Es gibt viertel- und halbgewendelte Treppen, und ganz gewendelte – Spindeltreppen. Auf Wendeltreppen gehen Sie weniger bequem und sicher als auf geradläufigen Treppen, und Sie bezahlen dafür mehr.

Treppenform Meist geht man in der Mitte der Treppe, diese Lauflinie erkennt man an alten Treppen leicht, dort sind die Stufen abgenutzt und ausgetreten. Der Auftritt in der Lauflinie soll das ideale Maß haben, Sie können es mit einer Faustformel errechnen: 63 minus 2 mal die Steigung gleich Auftritt. Je nach Treppenform benötigt eine 15-stufige Treppe von 100 cm Breite unterschiedlich viel Platz: Eine einläufige Treppe macht sich 12,4 Quadratmeter groß, eine viertelgewendelte

10,9 m^2, eine halbgewendelte Treppe mit einem langen und zwei kurzen Schenkeln 8,3 m^2 – ebenso viel Platz benötigt eine Spindeltreppe. Baut man die halbgewendelte Treppe mit drei gleich langen Schenkeln, lässt sie sich auf einem 7,8 m^2 großen Quadrat einbauen, eine zweiläufige Treppe auf einem gleich großen Rechteck.

Konstruktion Der Preis eines Aufgangs hängt von Konstruktion und Material ab. Treppen aus vorgefertigten Elementen sind billiger – und schneller zu montieren. Sonderanfertigungen kosten meist mehr. Holz ist das beliebteste Material für Wohnhaustreppen. Stufen gibt es massiv wie gewachsen oder verleimt, auch als furnierte Verbundplatte. Das Furnier muss aus mindestens 2,5 Millimeter dickem Hartholz oder 5 mm dickem Weichholz sein. Hartholz von Laubbäumen wie Buche und Eiche, Esche und Ahorn lässt sich besser strapazieren als Stufen aus weichem Nadelholz von Fichte, Tanne und Kiefer. Als Oberflächenbeschichtung eignen sich transparente und deckende Lacke, Sie können robusten Zweikomponentenlack nehmen oder genauso widerstandsfähigen Wasserlack. Wer die Stufen wachst oder ölt, kann sie später nicht mit Lack schützen – der findet keinen Halt.

Metalltreppen Stahl ist sehr tragfähig, man kommt mit schlanken Profilen aus. Die Treppe lässt sich elegant, fast zierlich gestalten. Verzinkter Stahl ist preiswert, sieht kühl und technisch aus. Mit Lack machen Sie Stahl wohnlicher. Eine Edelstahltreppe kostet ein kleines Vermögen – man kann sich den Luxus leisten, wenn man woanders im Haus Abstriche macht. Solch eine einmalige Investition hat auch ihr Gutes: Edelstahl hält ein Leben und länger, ist pflegeleicht und muss nie renoviert werden.

Sicherheit Auf bundesrepublikanischen Treppen stürzen jedes Jahr etwa 150 000 Menschen, die eine Hälfte beim Hinaufsteigen, die andere beim Hinuntergehen. Man stolpert leicht, wenn die Stufen schlecht zu erkennen sind. Sicherheitsexperten empfehlen, die erste und letzte Stufe deutlich zu unterscheiden von Boden und Podest und diese beiden Stufen in anderem Material oder abweichender Farbe zu gestalten. Aber wie sieht das aus …

Spindeltreppen beanspruchen von allen Treppenformen am wenigsten Stellfläche. Als Hauptverbindung zwischen zwei Wohngeschossen sollten die Stufen mindestens 80 Zentimeter Laufbreite haben, besser 100 Zentimeter.

Gefahr lässt sich auch schick ausschalten: Wählen Sie helles Material für die Stufen, setzen Sie ein großes Fenster ins Treppenhaus und bauen Sie für nachts flache Halogenspots in die Scheuerleisten. Kinder und Erwachsene tun es, sollten diese Gewohnheit aber ändern: Auf rutschigen Socken »schnell mal« etwas nach oben bringen oder gucken, was unten los ist. Und: Huschen Sie nie mit zwei bepackten Armen über die Treppe, halten Sie sich immer am Handlauf fest.

Geländer Die Regelhöhe beträgt 90 Zentimeter, ab Absturzhöhen von 12 Metern 110 cm. Gemessen wird lotrecht von der Oberkante des Handlaufs über die Vorderkante der Stufen. Wo Kinder wohnen: Geländerstäbe mit höchstens 12 cm Zwischenraum montieren und einen zusätzlichen Handlauf in 60 cm Höhe. Verzichten Sie auf Querstäbe und Ornamente, die zum Drüberklettern einladen. Krabbelkinder halten Sie mit einem Klemmgitter im Zaum. Wählen Sie für den Handlauf warmes Material, das Sie gern anfassen. Bringen Sie den Handlauf mit mindestens 4 cm

Treppen: Maße und Vorschriften

Normen über Treppenbau, Brandschutz und Statik: Die Landesbauordnungen (LBO) legen fest, wie Treppen geplant sein müssen. Für Wohnhaustreppen sind Mindest- und Höchstmaße beschrieben – in Einfamilienhäusern bis zu zwei Vollgeschossen dürfen Stufen nicht schmaler sein als 80 cm. Die lichte Durchgangshöhe muss mindestens 2 m betragen, das Geländer über der Trittkante 90 cm hoch sein.

info

Abstand zur Wand an, damit niemand sich die Finger klemmt. Ein abnehmbares Geländer lässt mehr Platz für den Möbeltransport, wenn Sie einziehen oder später Ihre Möblierung ergänzen.

Türen

Türen verbinden Räume und trennen sie. Manche schützen vor Kälte, Lärm oder Feuer, andere schleusen durch Gitter Luft in Heizräume oder ein innenliegendes Bad. Lage und Art, Material und Farbe, Größe und Form der Innentüren beeinflussen die Einrichtungsplanung und die Stimmung des Raums. Helle Töne reflektieren Licht besser als dunkle. Ein hölzernes Türblatt – das ist der Teil, der schwingt – sieht behaglich aus, ein farbiges belebt. Weiße Türen verbreiten Eleganz, und gläserne Scheiben transportieren Licht von Raum zu Raum.

Durchgänge Eine Zarge, das ist der Türstock, aus Stahl und Holz verringert die geplante Durchgangsbreite um etwa 6 bis 7 Zentimeter, die Durchgangshöhe um 3 cm. Die übliche Wandöffnung für eine Wohnraumtür ist 1010 Millimeter breit und 2010 mm hoch. Nach Einbau von Zarge und Türblatt stehen Ihnen 936 mm Durchgangsbreite und 1968 mm Durchgangshöhe zur Verfügung. Besonders große oder beleibte Bauherren und Menschen im Rollstuhl öffnen die Wand lieber 1135 mm breit und 2135 mm hoch (dieses Maß ergibt sich durch genormte Mauersteinformate), dann bleibt nach dem Einbau der Tür ein Durchgang von 1061 mm Breite und 2093 mm Höhe. Deckenhohe Durchgänge lassen Räume großzügig und edel aussehen, man spart den Beton- oder Ziegelsturz, und passende Türen gibt es in Standardmaßen fertig zu kaufen. Ein raumhoher Durchgang mit gläsernem Oberlicht lässt Licht in den Flur.

Türanschlag Messen Sie vor dem Kauf millimetergenau die Mauerstärke und die Höhe und Breite der Maueröffnung. Planen Sie auch die Anschlagrichtung der Tür: Soll sie sich in den Raum hinein öffnen (das ist üblich) oder aus dem Raum hinaus aufschlagen – etwa um im Gäste-WC mehr Platz zu gewinnen? Überlegen Sie auch, ob Sie eine »Links-Tür« oder eine »Rechts-Tür« einbauen möchten. Betrachten Sie dazu die Tür von derjenigen Seite aus, auf der sie angeschlagen wird: Eine Linkstür trägt die Türbänder, also die Scharniere, auf der linken Seite und den Türgriff rechts. An einer Rechtstür ist es umgekehrt.

Übliche Türen Meist baut man Drehflügeltüren ein, mit einem oder zwei Türblättern. Je nach Lage schwingt das Türblatt nach rechts oder links auf. Daraus ergibt sich der Montageort für die Lichtschalter, die man beim Betreten des Raums ja schnell anknipsen will. Für das Türblatt stehen massives und furniertes, lackiertes oder rohes Holz zur Wahl, durchsichtiges, mattes oder farbiges Glas, sogar mit integrierten Lichtlein sowie lackiertes, eloxiertes oder geschliffenes Metall. Klinke, Knauf und Türband können Akzente setzen. Nachteil der Drehflügeltür: Das Türblatt ragt in den Raum, hinter der geöffneten Tür entsteht durch schlechte Planung toter Raum.

Sondertüren Schiebetüren gibt es mit einem Flügel oder zweien, eine spezielle Mechanik bewegt zweiflügelige Schiebetüren gegengleich. Die Türblätter parken in Schlitzen von massiven Wänden, gleiten hinter Blenden oder einen Wandschrank. Bleiben Schiebetüren vor der Wand sichtbar, schmücken sie den Raum wie ein Bild. Der Abstand zwischen Wand und Beplankung richtet sich nach der Türblatt-Dicke und der Konstruktion der Laufschiene. Die dünnste Beplankung besteht aus nur 22 Millimetern beschichteter Holzwerkstoffplatte, gemauerte Blenden brauchen den Platz einer Steindicke. Türblätter von Schiebetüren stehen nicht im Weg, und Lichtschalter lassen sich frei platzieren. Konstruktionsbedingt bleibt ein Spalt zwischen Tür und Wand, Schall und Wärme kriechen schneller in Nachbarräume als durch Drehflügeltüren. Falt- oder Harmonikatüren bestehen aus einem Metallgerüst mit Scharnieren, das Skelett lässt sich mit Holzlamellen oder Kunststoffplatten bekleiden. Falttüren schließen die Durchgangsöffnung nach Wunsch vollständig, halb oder zu einem Viertel. So teilt man einen großen Raum in zwei kleinere oder schafft interessante Ein- und Durchblicke. Falt- oder Harmonikatüren dämmen Schall und Wärme schlecht.

Geschmäcker sind verschieden, für jeden gibt es eine Tür.

1. *Maßarbeit: Die Schiebetür aus Glas oder Holz gleitet auf einer Schiene aus gebürstetem Edelstahl.*
2. *Landhaus-Stil: Zarge und Türblatt aus Fichtenholz. Die Glasfüllung lässt Licht in den Flur.*

Material Passt die Optik der Tür, prüfen Sie die technischen Details und ob das Material Ihren Wünschen entspricht. Ist die Tür kratz- und stoßfest, lässt sich die Oberfläche einfach pflegen? Werden sich Blatt und Zarge durch Kälte, Hitze oder Feuchtigkeit verformen? Garantiert der Händler lichtechte Farben? Wenn Sie sich entschieden haben, was Ihre Türen leisten sollen, machen Sie sich an die Auswahl. Günstige und besonders einfache Blätter für Innentüren bestehen aus Kartonwaben mit Beplankung – solche Türen dämmen Schall und Wärme nur mäßig und können sich durch Temperaturschwankungen leicht verziehen. Zusätzlich eingebaute Spanplattenstreifen stabilisieren die Türblätter, verbessern aber nicht den Schall- und Wärmeschutz. Von besserer Qualität sind Türen mit vollflächiger Röhrenspanplatte als Einlage. Wer bessere Türen einbauen will, leistet sich Blätter aus Vollspanplatten, Holzwerkstoffen oder Verbundwerkstoffen, einem Sandwich aus verschiedenen Materialien. Als Mercedes unter den Innentüren gelten solche aus Massivholz oder Glas. Neu entwickelt wurden Türen mit CPL-Oberfläche (Continuous Pressure Laminate), einem Schichtstoff aus phenol-imprägniertem Kraftpapier plus einer Schicht Dekopapier auf Melaminharz-Basis. Das Material mit seiner glatten Oberfläche ist als Küchenarbeitsplatte bekannt und beliebt, weil robust.

Schallschutz Kassettengedudel aus dem Kinderzimmer oder Geklapper aus der Küche nerven in Arbeits- oder Schlafzimmer, und nervöse Gemüter treibt es zum Wahnsinn, wenn Luftzug das Türblatt im Rahmen rappeln lässt. Je dichter Tür und Fugen – auch die Nahtstellen zur Wand – desto weniger Geräusch dringt von einem Raum in den nächsten. An Türen mit Anschlag an der Bodenschwelle stoppt ein elastomeres Kunststoffprofil Angriffe auf das Nervenkostüm, unter schwellenlose Türen montieren Sie einen Filz- oder Kunststoffstreifen an das Türblatt. Alternative: Schrauben Sie eine Auflaufleiste auf den Boden. Zargen dichtet man mit selbst klebendem Dichtungsband, es muss im Falz lückenlos und überall in derselben Ebene rundum laufen. Wer die Edellösung bevorzugt, kauft Türen mit Dichtprofilen in einer Nut. Oder er bringt die Türblätter zum Schreiner, lässt rundum Nuten einfräsen und Dichtungen montieren – Lippendichtungen dämmen Schall und Wärme effektiver als Schlauchdichtungen. Je elastischer das Dichtungsmaterial, desto größer ist der Verformungsweg – umso besser dichtet es. Und schwere, massive Türblätter absorbieren Lärm wirkungsvoller als verkleideter Karton.

Türbeschläge Die Klinke lässt sich gut greifen, wenn der Daumen Halt findet. Drückergarnituren aus Edelstahl sehen auch nach Jahren noch schön aus und brauchen keine Pflege. Messing patiniert dunkel, heller Glanz bleibt nur durch regelmäßiges Wienern. Aluminium ist preisgünstiger, eine chemische Behandlung – das Eloxieren – macht das Metall unempfindlich, gibt ihm auf Wunsch auch Farbe. Kunststoffklinken sind stets angenehm handwarm, zaubern Farbtupfer ins Haus und können Kinderzimmer markieren: Blau für Anna, Rot für Michael. Mit der Zeit wird Kunststoff leider stumpf – das ist irreparabel.

Preise
Türen und Beschläge

Produkt	Preis in Euro pro Stück
Eiche furniert, Türblatt mit Hohlzelleneinlage und beidseitiger Schlossloch-Bandverstärkung, Türblattstärke 40 mm, Breite 98,5 cm, Höhe 200,5 cm, mit 20 cm tiefer Zarge	200
Weiß lackiert, wie oben	180
Buche furniert, wie oben	210
Kiefer massiv, Türblatt stabverleimt, Türblattstärke 40 mm, Breite 98,5 cm, Höhe 200,5 cm, inkl. Zarge	230
Kiefer massiv, Türblatt mit Lichtausschnitt und 6 Sprossenfeldern und Verglasung, Maße wie oben, mit Zarge	365
Messing-Drückergarnitur mit Langschild	50
Messing-Drückergarnitur mit Rosette	60
Edelstahl-Garnitur	100

Innentüren: Was liegt im Trend?

Innentüren kosten zwischen 60 und 300 Euro. Prüfen Sie das Innenleben von Schnäppchen und überlegen Sie, wie bald neue Türen her müssen. Sie kosten wieder Geld – auch die Entsorgung der alten Türen. Trend-Türen für Neubauten sind aus massivem Ahorn, aus Birke, Buche oder Esche. Haben Sie sich daran satt gesehen oder müssen Gebrauchsspuren vertuscht werden: schleifen und lasieren oder mit Lack streichen.

info

Farbe lässt sich an die Wand rollen, wischen oder, wie hier, mit einer Bürste verteilen. Das können Sie leicht selber machen, die Anleitung und einige Zusatztipps sehen und lesen Sie auf der Seite gegenüber.

Wandgestaltung

Während der Roh- und Ausbauphase muss man sich als Bauherr häufig den Fachkenntnissen und Ratschlägen von Architekt und Handwerker beugen – nicht alles, was Laien sich vorstellen, ist bautechnisch möglich oder sinnvoll. Geduldige Handwerker erklären die Gründe, stoische Gesellen sagen: »Ja, ja« und machen dann doch ihren Stiefel. Manchmal beschleicht Bauherren das Gefühl, man habe in seinem eigenen Haus nur unwesentliche Entscheidungsgewalt. Das wird sich jetzt ändern, es geht um Geschmacksfragen – und die entscheiden Sie ganz allein, höchstens Ihr Partner darf Ihnen reinreden.

Anstrich Selber malern kann jeder. Im Baumarkt oder Farbengeschäft kommen jedoch Zweifel: Sie müssen sich zwischen zehnerlei Materialien entscheiden. Kalkfarben haften auf kalk- und zementhaltigem Putz, nicht auf Gipsputz. Die Wandoberfläche bleibt diffusionsoffen. Und sie kreidet, man macht sich in der Diele schnell einmal den Mantelärmel staubig. Üblicherweise streicht man die Wand dreimal: Längs, dann quer, wieder längs. Lassen Sie die Schichten jeweils trocknen, aber nicht zu schnell – streichen Sie nicht an ganz heißen Sommertagen, und halten Sie die Fenster geschlossen. Schlämmanstrich besteht aus Kalkfarbe, Weißzement und feinem Sand. Die Beschichtung ist robuster als reine Kalkfarbe, lässt Wasserdampf aber genauso gut an den Putz – der sollte mineralisches Bindemittel enthalten (s. Seite 101), keinen Gips. Dispersionsfarbe ist auch unter der Bezeichnung Kunststoff-Latexfarbe im Handel. Die Beschichtung liegt wie ein wasserdampf-undurchlässiger Film auf der Wand – vorteilhaft zum Beispiel in Diele, Flur und Treppenhaus: Der Anstrich scheuert nicht ab, man kann die Wände sogar abwaschen.

Beschichtung Dispersionsfarbe – Maler sprechen von Beschichtung – haftet auf jedem Untergrund, sofern er trocken ist. Nach dem Verputzen der Wände sollten Sie mindestens drei Wochen warten, ehe Sie ihnen mit Dispersionsfarbe zu Leibe rücken. Silikatfarbe ist besonders lichtecht und diffusionsoffen, sie haftet auf allen mineralischen Untergründen, nicht auf organischen Beschichtungen wie Kunstharzputz, und nicht auf gipshaltigem Putz. Dispersions-Silikatfarbe ist Silikatfarbe mit 5 Prozent Dispersionsbindemittel. Mit dem Zusatz lässt sie sich besser verarbeiten, behält aber ihre Eigenschaften. Mit den Jahren kreidet der Anstrich etwas – lasten Sie es nicht dem Handwerker an, das ist eine normale Erscheinung. Polymerisatharzfarben trocknen sehr schnell, sind lichtecht, lassen Wasserdampf durch und altern nur langsam. Der ideale Wandanstrich? Leider nicht ganz: Er enthält Lösungsmittel, die während der Verarbeitung und länger danach ausdünsten. Deren Einatmen kann das Nervensystem schädigen, öffnen Sie drei Wochen lang die Fenster! Badezimmerwände müssen nicht zwingend gefliest werden, Sie können die Wände auch streichen: Je nach Untergrund mit feuchtefester Dispersionsfarbe, Acryl- oder Kunstharzlack. Die Anstriche lassen keinen Dampf an den Putz, ein Luftspalt zwischen Wand und Mobiliar verhindert Schimmel.

Holzbekleidung Massives Profilholz möbelt kahle Räume auf zu Wohlfühl-Zimmern. Sie wählen nach Gusto rustikale Bretter mit Astlöchern, Elemente in Gute-Laune-Tönen (lesen Sie zur Farbwahl die übernächste Seite) oder in neutralem, schlichtem Weiß. Wand- und Deckenpaneele kosten oft weniger als Profile; sie tragen auf einer preiswerten Schicht aus Sperrholz oder Spanplatte eine Furnieroberfläche aus edlem Holz. Für Feuchträume wie das Bad behandeln Sie rohes Massivholz mit Lack, Öl oder Wachs – vor der Montage, um auch Nuten und Federn vor Nässe zu schützen. Paneele gibt es mit feuchteresistenter Kunststoffoberfläche. Auch die Nuten und Federn sind beschichtet, so dringt durch die Ritzen kein Dampf in die Trägerschicht. Montieren Sie Profile und Paneele nie direkt auf die Wand, sonst staut sich und kondensiert Luftfeuchtigkeit hinter der Bekleidung, die Mauer saugt sich voll und schimmelt. Dübeln Sie ein Lattengerüst auf den Untergrund, das geht fix mit Durchsteckmontage: Das Loch in der Latte muss mit dem Durchmesser des Wanddübels übereinstimmen. Richten Sie die Latte auf der Wand aus, bohren Sie durch das Holz in die Wand und drücken Sie den Dübel ins Mauerwerk. Jetzt können Sie die Bekleidung auf der Unterkonstruktion festschrauben. Wer keine Schraubenköpfe sehen möchte, befestigt die Bretter mit Klammern, die Lattengerüst und Verschalung verbinden. Der Übergang von Wand zu Decke und Fußboden lässt sich mit Leisten kaschieren. Unter Kennern gilt diese Methode als wenig fachgerecht, sie sperrt die Luftzirkulation hinter dem Wandkleid. Eleganter sieht eine Schattenfuge aus: Die Bretter enden 1 bis 1,5 Zentimeter vor der Ecke – sauber und gerade geschnitten. Wer sich mit dem exakten Ablängen der Elemente beim Einbau schwer tut, fährt an der fertig montierten Wandbekleidung mit einer Schattenfugenfräse entlang.

Tapete Herkömmliche Tapeten bestehen aus bedrucktem oder strukturiertem Papier. Spezialtapeten tragen auf der Papierschicht eine Oberfläche aus natürlichem oder synthetischem Material. Die Tapetenbahn von Papiertapeten wird in einem mehrstufigen Verfahren farbig bedruckt. Auf Fond-Tapeten verhindert ein lichtbeständiger Farbauftrag, dass das Papier vergilbt. Auf Prägetapeten erheben sich Muster oder Ornamente wie ein Relief. Sie können verflachen, wenn das Papier wegen des feuchten Kleisters quillt und man die Tapete mit der Andrückrolle zu fest an die Wand walzt. Hochwertige Duplex-Prägetapeten bestehen aus einer Papier-Unterschicht und einer zweiten, aufkaschierten Bahn – das Relief bleibt erhalten. Auf Profiltapeten formt aufgeschäumte Farbpaste die Papierträgerbahn wie ein vollflächiges Relief. Struktur-Profiltapeten sehen aus wie Putz oder Gewebe, auf Dekor-Profiltapeten erheben sich filigrane Muster oder Konturen, etwa von Pflanzen oder Landschaften. Trägt die Papierbahn ein Gewebe aus Wolle oder Jute, Seide, Leinen oder Kunstfaser, spricht man von Textiltapete. In den Fasern fängt sich Staub – nichts für Allergiker. Metalltapeten setzen sich zusammen aus einer papiernen Trägerschicht und Alu-Folie, durch Bedrucken oder Ätzen, Prägen oder Bemalen entstehen interessante Reflexe. Wer solche Tapeten

Farbwand mit Lasur-Struktur: Sie brauchen quarzhaltige, weiß pigmentierte Grundierfarbe, Lasur und eine Bürste. Die weiße Quarzfarbe als Grundanstrich mit der Bürste im Kreuzschlag auftragen, also längs und quer. Trocknen lassen, dann die farbige Lasur vollflächig aufstreichen, wieder im Kreuzschlag. Die spezielle Optik entsteht durch helle Teilchen in der Lasur, die sich nicht mit anderen Farbpigmenten vermischen. Nach 5 bis 10 Minuten verschlichten Sie den Auftrag mit einer Bürste, so machen Sie die Farbübergänge weicher. Wünschen Sie den Farbton kräftiger, lässt sich nass-in-nass noch ein zweiter Lasurauftrag einarbeiten. Er verdunkelt die Wand – wer kein Risiko eingehen will, probiert die ganze Prozedur vorher an einer Kellerwand aus.

Wie viel Tapete brauchen wir?

Messen Sie quer die Länge aller Wände, die tapeziert werden sollen – mit Türen und Fenstern. Addieren Sie diese Werte, multiplizieren Sie die Summe dann mit der Raumhöhe. Jetzt wissen Sie, wie viele Quadratmeter insgesamt tapeziert werden. Für einfarbige Tapeten teilen Sie die Zahl durch 5, für gemusterte durch 4,5. Das Ergebnis sagt Ihnen, wie viele Rollen mit üblicher Breite von 53 cm und Länge von 10 m Sie brauchen.

info

verkleben will, benötigt Fachkenntnisse. Tapeten mit aufgedruckten Metall-Pigmenten eignen sich für Heimwerker besser. Wie Sie Tapeten auf herkömmlichem Weg fachgerecht an die Wand bringen, sehen Sie auf den Zeichnungen unten. Inzwischen gibt es auch spezielle Vliestapeten, die man einfach auf die eingekleisterte Wand drückt. Alternative zur Tapetenwand: Selbst klebende Papierborte in Augen- oder Deckenhöhe ziert Wände mit weniger Aufwand und lässt sich rasch auswechseln.

Farbwahl Betreten wir einen Raum, strahlen uns sofort Farben an, oder das Auge registriert Düsternis. Die Sehnerven leiten die Information ans Gehirn. Es ruft blitzschnell Erinnerungen wach, wägt ab und legt fest, wie wir uns fühlen: ruhig oder angespannt, selbstbewusst oder ängstlich. In einem türkisblauen Zimmer frieren wir schneller als in einem roten. Ein grüner Raum lässt uns Lärm besser aushalten, weiße Wände und Möbel machen uns gleichgültiger gegen Stress. Rot beschleunigt den Puls, Blau besänftigt innere Unruhe. Orange regt den Appetit an. Niemand gelingt es, sich der Wirkung von Farben zu entziehen. In den eigenen vier Wänden können wir wählen, welche Farbtöne uns beeinflussen sollen – und sie einsetzen, um bestimmte Gefühle hervorzurufen, zu verstärken oder abzuschwächen. Welche Farben Sie wählen sollten, hängt ab von Ihrem Naturell, Ihren Wünschen und vom Raum. Energiebündel etwa profitieren im Heimbüro von Tönen, die sie munter halten. Im Schlafzimmer jedoch müssen sie Ruhe tanken; dort benötigen sie Schattierungen, die beruhigen. Die Münchner Farbberaterin Franziska Zingel sagt: Jeder Mensch hat eine Vielzahl ganz persönlicher Eigenschaften. Trotzdem gibt es vier Haupttypen von Charakteren. Jedem lässt sich eine Jahreszeit zuordnen, in deren Klima er sich besonders wohl fühlt. Jeder Jahreszeit wiederum entspricht eine Grundfarbe – als Hauptton für die Wohnräume.

Sommerfarben Melancholiker sind durch und durch Verstandesmenschen. Sie legen Wert auf

Richtig tapezieren:
❶ Wand vorbereiten: Tiefgrund oder Feinmakulatur aufstreichen. Senkrechte ausloten, 50 cm von der Ecke anzeichnen. Wechselgrund erleichtert später den Tapetenwechsel.
❷ Bahn zuschneiden: Kleister anrühren, Bahnen zuschneiden. Oben 6 cm, unten 4 cm zugeben für Verschnitt. Erste Bahn als Schnittmuster für folgende nehmen.
❸ Tapete ankleben: Bahn einkleistern, oben 3 cm einknicken und von oben zwei Drittel, von unten ein Drittel einschlagen, weichen lassen. Dann an der Senkrechten ausrichten.
❹ Kanten markieren: Deckenkante mit Scherenrücken nachfahren, Bahn von der Wand ziehen, abschneiden.
❺ Übergänge anpassen: Bahnen Stoß an Stoß legen, in Ecken an den Rändern 1 cm überlappen lassen.
❻ In 4 bis 5 Jahren renovieren: Alte Tapete entfernen, kleine Risse spachteln, größere armieren.

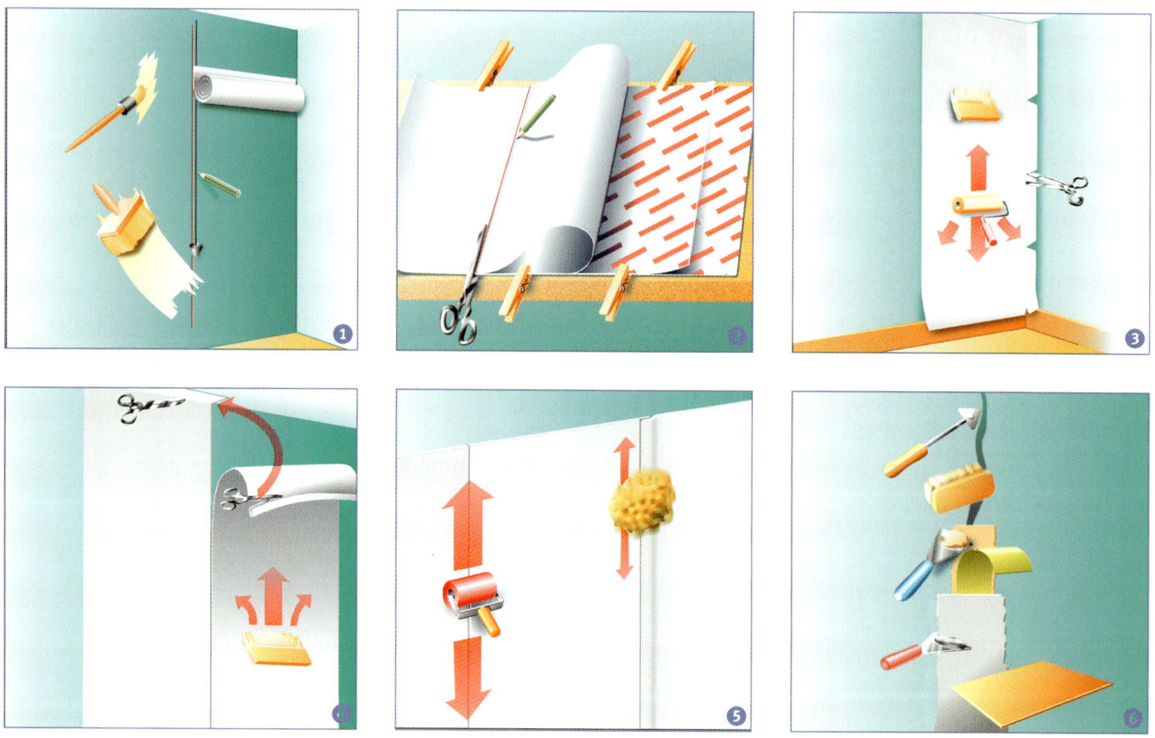

Der richtige Farbton für jeden Typ:
1 Blau streichelt die Seele, schickt sie auf Harmonie-Reise.
2 Rot bringt frische Lebens-Energie und polstert die Nerven.
3 Weiß dämpft Alltagsstress, beruhigt die Augen und entrümpelt die Gehirnzellen.
4 Gelb hellt die Gedanken auf, macht fröhlich und optimistisch.

1

2

3

4

geordnete Verhältnisse und schätzen Geborgenheit. Sie sehnen sich nach Harmonie und schlichten Streit, zeigen sich hilfsbereit und gelten als zuverlässig. Ihnen entspricht der Sommer mit seiner typischen Grundfarbe: Blau.
Herbsttöne Phlegmatiker sind beständige Ruhepole, man liebt sie für ihr ausgeglichenes Wesen. Manchmal sind sie etwas in sich gekehrt, meist jedoch schlummert in ihnen großes Kommunikationstalent und die Fähigkeit, Kontakte zu knüpfen. Von den vier Jahreszeiten entspricht dem Phlegmatiker der Herbst und seine Farbe: Rot.
Winterfeeling Choleriker sind temperamentvolle Menschen – gelegentlich für Partner, Freunde und Arbeitskollegen anstrengend und explosiv. Choleriker stellen hohe Anforderungen an sich und andere. Aber ihr Perfektionismus macht es manchmal schwer, den Aufgaben gerecht zu werden. Von den Jahreszeiten entspricht dem Choleriker der Winter und seine typische Grundfarbe: Weiß.
Frühlingslook Sanguiniker kennt man als echte Gefühlsmenschen: heiter und aufgeschlossen, aber im nächsten Moment oft tief betrübt. Sie setzen auf Tempo und nehmen sich wenig Zeit für sich selbst – so entstehen unter Umständen Missverständnisse mit anderen, die das Leben und die Dinge etwas gelassener sehen. Von den Jahreszeiten entspricht dem Sanguiniker der Frühling, als seine typische Farbe gilt Gelb.
Sie haben sicher erkannt, zu welchem Charaktertyp Sie gehören. Aber: Wir sind nicht Melancholiker *oder* Phlegmatiker, Sanguiniker *oder* Choleriker, sondern tragen Eigenschaften von allen Charaktertypen in uns. Überwiegen nicht die Merkmale eines Typs, gehören Sie zu den Mischtypen – Sie finden Ihre Wohlfühlfarbe nicht immer auf Anhieb. Für Sie führt der Weg zum richtigen Wohn-Ton über die Frage: Welche Jahreszeit passt am besten zu meinem Wesen? Lassen Sie Frühling und Sommer, Herbst und Winter vor Ihrem geistigen Auge passieren und achten Sie dabei auf Ihre Gefühle. Welche Vorstellung löst das größte Wohlgefühl aus: Hummeln in einer Löwenzahnwiese und Kirschblüte, oder Strand und Meeresrauschen? Blätterrascheln und junger Wein oder das Knirschen von Schnee unter den Füßen? Sprechen Sie Ihre persönlichen Farben mit Ihrer besseren Hälfte ab – wahrscheinlich fliegt er/sie auf andere Töne als Sie. Dann handeln Sie Kompromisse aus: Gestalten Sie zum Beispiel das Wohnzimmer nach »seinen« Wünschen, das Schlafzimmer nach »ihren« Bedürfnissen, Küche und Bad in einem Farbmix. Oder einigen Sie sich auf einen durchgehend neutralen Grundton für Wand und Boden und setzen Sie Akzente mit einem roten Sofa für den Phlegmatiker der Familie und einem weißen Sessel für die Cholerikerin.

Mehr Licht mit Spiegelfliesen

Ein Spiegel macht gute Laune, denn er verdoppelt den Raum und reflektiert Farben. Platzieren Sie Spiegelflächen so, dass sich keine Tür darin spiegelt, sonst sieht das Zimmer unruhig und unübersichtlich aus. Lassen Sie zwischen Wand und Spiegel 2 cm Abstand. Die Hinterlüftung verhindert, dass der Spiegel durch Feuchte fleckig wird. Spiegelfliesen haften elegant und unsichtbar auf einem starken Spezialklebeband.

tipp

Teppichboden aus Schafwolle reguliert die Raumfeuchte. Es gibt ihn in Naturtönen und froh gefärbt, kuschelweich oder griffig fest.

Bodenbeläge

Die Höhlenmenschen behielten stets den Boden im Auge: Dort lauerte Gefahr, von wilden Tieren oder Stolperfallen. Noch heute steuert uns der Überlebenstrieb: Wenn wir einen Raum betreten, gilt unser erster Blick dem Fußboden. Sofort signalisiert uns das Unterbewusstsein: »Sicherheit« oder »Unbehagen« – weil uns der Boden zu glatt, zu kalt, zu unruhig vorkommt. Die Sinne aber lassen sich täuschen: Kleine Häuser erscheinen großzügiger, wenn ein gleicher Bodenbelag die Räume verbindet. Und Wohnhallen sehen gleich viel heimeliger aus, wenn unterschiedlicher Belag Inseln markiert. In Diele und Küche brauchen Sie einen robusten und pflegeleichten Boden, im Bad soll er Pfützen aushalten und im Kinderzimmer Schall schlucken, im Schlafzimmer nackte Füße wärmen und im Wohnzimmer darf ihm die Fußbodenheizung nichts anhaben.

Holz Parkett gilt als der Klassiker unter den Wohnböden: Es sieht mitunter noch nach Jahrhunderten gut aus, unterschiedliche Maserungen und Farbnuancen geben jedem Boden Individualität und machen ihn zeitlos schön. Holzbelag ist ein Kompromiss zwischen warmem Teppich und kühlen Fliesen. Wenn Sie Naturmaterial mögen und Gebrauchsspuren als adelnd empfinden, sollten Sie sich für einen Massivholzboden entscheiden. Er lässt sich immer wieder abschleifen und sieht dann aus wie neu. Wie lange ein Belag hält, hängt von seiner Beanspruchung ab und vom Härtegrad des Holzes, ausgedrückt in HB – die Bezeichnung kennen Sie gewiss von Bleistiften, sie bedeutet »Brinell-Härte«. In weichem Kiefern- und Fichtenholz hinterlassen Schuhabsätze und Hundekrallen rasch Abdrücke, Olivenholz ist viermal so hart mit 4,6 HB. Eiche hat einen Härtegrad von 3,4 HB, Buche 3,3 HB, Ahorn 2,6 HB.

Laminat Die preiswertere Alternative zum massiven Parkett ist Fertigparkett: Furnier aus Edelholz verschönert eine Trägerschicht aus Holzfasern. Nachteil: Die feine Nutzschicht reibt sich binnen zehn Jahren ab, eine Neuinvestition wird fällig. Fertigparkett aus Ahorn leuchtet weißlich und dunkelt nach zu sonnigem Gelb. Buche schimmert rötlich, Eiche braun, Kirschholz rosa, später rötlichweiß. Helle Böden lassen die Wohnfläche in kleineren Räumen größer erscheinen, dunkles Parkett mildert Kühle, die von Wänden oder Möbeln ausgeht. Laminatböden sehen aus wie Holz: Ein widerstandsfähiger, transparenter Schichtpressstoff aus Kunstharz überzieht und schützt bedrucktes Papier auf einer Trägerplatte. Es gibt Laminat auch mit frechem Stein- und Nudeldekor und in romantischem Blümchenmuster – stets abriebfest, lichtecht und unempfindlich gegen Flecken, Druck und sogar Glut. Auf herkömmlichem Laminat klackern harte Schuhsohlen laut, Elemente mit integrierter Dämmschicht aus weichen Holzfasern schlucken einen Teil der Trittgeräusche. Mit Fertigparkett und Laminat holt man sich auch die verwendeten Bindemittel und Lacke ins Haus, über deren Zusammensetzung die Packung meist nichts verrät. Einige Firmen lassen ihre Herstellung durch Umweltinstitute überwachen und weisen die Verträglichkeit für Gesundheit und Umwelt nach.

Bambus Sprosse für Sprosse klettert Bambus auf der Karriereleiter der Bodenbeläge nach oben. Seine Materialeigenschaften machen das exotische Parkett zur reizvollen Alternative zu Holz. Die Verstärkungsknoten der Stämme, die Nodien, unterbrechen in unregelmäßigen Abständen die Maserung und geben dem Bodenbelag ein lebendiges Muster. Bambus übertrifft mit seiner extrem dichten Zellstruktur sogar die Festigkeit und Elastizität von Eichen- und Buchenholz. Seine Belastbarkeit auf Zug, Druck und Biegung ist enorm. Im Vergleich zu Holz schwindet und quillt das Material nur gering. Schwankungen im Raumklima beeinflussen Bambusparkett kaum, während Holz stets »arbeitet«. Bambus wird als dreischichtiges, zirka 15 Millimeter hohes Massivparkett angeboten und als zweischichtiges, 10 mm hohes Fertigparkett mit einem Unterzug aus Fichte. Lack versiegelt die Oberfläche geschlossenporig, oder Öl imprägniert sie und lässt die Poren offen. Für die Kontrolle der Qualität und Herkunft von Bambusparkett gibt es keine Gütesiegel – fragen Sie nach Material- und Umweltzeugnissen unabhängiger Prüfer.

Teppich Teppichboden wärmt die Füße, dämmt Wärme und schluckt Tritt- und Luftschall. Das Teppichsiegel der Europäischen Teppichgemeinschaft hilft Ihnen bei der Auswahl von Auslegeware. Dieses Siegel dürfen nur textile Beläge tragen, die das Deutsche Teppich-Forschungsinstitut auf ihren Komfort und ihre Strapazierfähigkeit geprüft hat. Es testet auch, ob der Teppichboden Stuhlrollen aushält oder über der Fußbodenheizung verlegt werden kann, sich für Feuchträume eignet oder sich um Treppenstufen schmiegt. Symbole auf der Teppichrolle geben Auskunft. Ein zweites Label mit symbolisierter Teppichrolle, Baum und der Aufschrift »schadstoffgeprüft« garantiert, dass das Material frei ist von einer Reihe möglicher Schadstoffe. Vermeiden Sie großes Muster in kleinem Raum. Dunkler Boden zu heller Wand gaukelt Höhe in niedrigen Zimmern vor, ein Quer- oder Längsmuster korrigiert kleine Planungsfehler der Raumproportion, macht Zimmer optisch höher oder breiter. Wie Sie Teppichboden fachgerecht zuschneiden und verlegen, zeigen die Zeichnungen rechts.

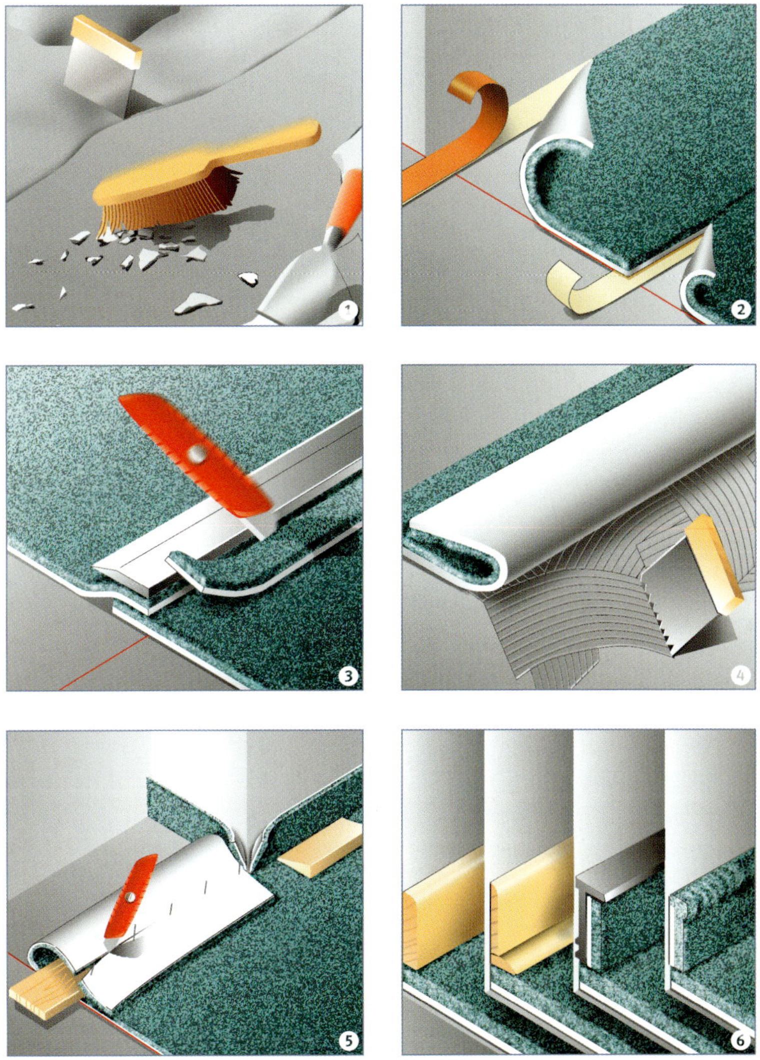

Teppichboden verlegen:
❶ *Untergrund vorbereiten: Rohbauschmutz vom Estrich abfegen und diesen grundieren.*
❷ *Haftband aufreiben: Schutzpapier abziehen, den Teppich drauflegen und fest anpressen – empfehlenswert nur für kleine Teppichstücke.*
❸ *Kleber aufspachteln: Auf vollflächiger Verklebung haftet Teppich solider – Kleber auf Estrich kämmen, Teppich anwalzen, das geht gut mit dem Wellholz aus der Küche.*
❹ *Teppich anstückeln: Mit einem Doppelschnitt erhält man saubere Nahtstellen – Stöße stapeln, an Metall-Lineal entlang passgenau schneiden.*
❺ *Ränder einpassen: Leiste andrücken, Belag durch den Flor abschneiden. Oder mit Nadeln markieren und auf der Rückseite einschneiden.*
❻ *Randprobleme lösen – von links: Holzleisten annageln, Kunststoff-Profile an Schienen klemmen, Teppichleisten anschrauben oder Kettel-Streifen ankleben.*

Für Restposten gibt es keine Nachkaufgarantie, man profitiert von Preisnachlässen bis 50 Prozent. Beim Fliesenkauf auf die Kanten achten: Glasierte lassen kein Wasser einsickern.

Kork Korkparkett ist eine Überlegung wert für Räume, in denen man viel barfuß geht – es leitet Körperwärme so gut wie überhaupt nicht ab. Kork ist zwar teuer, aber dafür unvergleichlich fußwarm. Luftgefüllte Zellen sichern Ihnen einen trittfesten, elastischen Gang, der Gelenke und Wirbelsäule entlastet und Trittlärm von Straßenschuhen super dämpft. Für die Elemente wird Korkeichenrinde geschrotet oder gemahlen, in Bahnen gepresst und auf Trägerplatten gezogen (zweischichtiger Belag) oder zu Quadraten geschnitten (einschichtiger Belag). Das Material gibt es natürlich, gewachst oder versiegelt in unterschiedlichen Stärken und Formaten, auch eingefärbt. Der Belag hält Strapazen aus, weist Wasser ab und lässt sich wie Holzparkett leicht sauber halten. Zwei Gütesiegel geben Auskunft über Qualität und ökologische Kontrolle des Angebots: Das Kork-Logo vom Deutschen Kork-Verband und dem ECO-Umweltinstitut Köln überwacht die Herstellung ab Ernte. Das verbandsunabhängige »Tox-Proof-Label« des TÜV Rheinland garantiert die gesundheitliche Unbedenklichkeit durch regelmäßiges Überprüfen.

Fliesen Fachleute unterscheiden Fliesen aus Steinzeug und Steingut. Fußböden belegt man in der Regel mit Steinzeug, das Material ist dichter und härter gebrannt als Steingut, deshalb besonders strapazierfähig. Eine Glasur macht Fliesen noch robuster. Abriebklassen geben Auskunft über die Verschleißfestigkeit: Fliesen der Gruppe I vertragen nur leichte Beanspruchungen. Sie taugen als Wandkleid im ganzen Haus, als Bodenbelag nur im Bad, das man barfuß betritt oder in Hausschuhen. Fliesen der Gruppe II halten auch Straßenschuhe aus, wenn man den Boden nur leicht beansprucht, etwa in Wohn- und Esszimmer. Fliesen der Gruppe III können Sie unbesorgt in Fluren und Dielen verlegen. Fliesen der Gruppe IV überstehen auch heftiges Scharren im Hauseingang und in Küche, Arbeits- und Wirtschaftsraum.

Naturstein Zur Wahl stehen harter Granit, kristalliner Marmor und der porenreiche Vulkanstein Lava. Granit ist unempfindlich und fein bis grobkörnig. Marmor verträgt weder Säuren noch Fett oder Öl, braucht Fleckschutz und sieht außergewöhnlich schön aus, wenn er mit Edelstahlbürsten geschliffen und anschließend heiß gewachst wird – eine Arbeit für Fachleute. Antik-Marmor sieht nur aus wie echter Marmor, ist aber keiner. Im Werk werden Abplatzungen auf der Oberfläche erzeugt, um die Platten auf antik zu trimmen. Oft verleiht Sandstrahlen der Oberfläche ein altertümliches Aussehen. Das sieht in Landhäusern wunderschön aus, aber die Oberfläche wird rau, zieht Flecken an, eine Versiegelung ist empfehlenswert. Keramische Fliesen können Sie mit Geschick selbst verlegen, Naturstein überlassen Sie besser einem Profi. Bestehen Sie auf speziellem Marmorkleber – mit herkömmlichem Fliesenkleber bilden sich später Flecken. Schließen Sie die Fugen zwischen Fliesen oder Natursteinen immer in leichtem Grauton – weiße Fugenmasse verschmutzt auf dem Boden rasch.

▶ **Bodenbeläge: Parkett, Klick-Parkett und Fliesen verlegen – wie Ihnen das professionell gelingt, erfahren Sie unter www.haus.de/doit**

Innenausbau: Haben wir an alles gedacht?

Der zugige Rohbau wird immer mehr zum Haus, in dem Sie sich künftig wohl fühlen werden. Hoffentlich haben Ihnen die Handwerker keinen Murks untergejubelt, der später Ihre Freude trübt. Kontrollieren Sie die wichtigsten Stationen des Innenausbaus – in dieser Liste zum Abhaken finden Sie kritische Stellen, die auch Laien prüfen können.

Heizungs- und Sanitärinstallation

1. *Alle Komponenten der Heiz- und Lüftungsanlage stimmen mit dem Auftrag überein.* ❍
2. *Der Heizungsmonteur hat uns das Protokoll der Dichtigkeitsprüfung für die Heizungs- und Wasserrohre übergeben.* ❍
3. *Die Heizung hat einen Testlauf bestanden.* ❍
4. *WC-Spülungen funktionieren, Anschlüsse ans Abwasserrohr halten dicht.* ❍
5. *Armaturen sind mit der Beschreibung im Auftrag identisch.* ❍
6. *Maße, Farben, Montagehöhen der Sanitärobjekte sind richtig ausgeführt.* ❍
7. *Warm- und Kaltwasserrohre tragen eine wärmedämmende Hülle.* ❍

Elektroinstallation und Fußbodenestrich

1. *Ausführung, Anzahl und Lage von Schaltern, Steckdosen, Anschlüssen entsprechen dem Auftrag, und alle wurden auf ihre Funktion überprüft.* ❍
2. *Stromverteilerkasten ist übersichtlich beschriftet.* ❍
3. *Dämmung unter dem Estrich und umlaufende Randstreifen wurden vollflächig eingebaut, Bahnen überlappen sich.* ❍
4. *Während der Trocknung des Estrichs wurde Zugluft vermieden.* ❍

Putz, Anstriche und Wandbekleidungen

1. *Installationsschlitze sind abgedeckt oder verspachtelt, Spachtelmasse zieht sich nicht ein.* ❍
2. *Schienen schützen Mauerecken.* ❍
3. *Putzmaterial und Feinheitsstufe entsprechen dem Auftrag.* ❍
4. *Anstrichmaterial passt zum Putz-Untergrund.* ❍
5. *Wände und Decken sind auf Putzrisse und sandenden Putz untersucht.* ❍
6. *Fertige Wände und Decken wurden auf Farbunterschiede untersucht.* ❍
7. *Tapetenstöße sind gerade, Ecken und Übergänge zur Decke sauber gearbeitet.* ❍

Türen, Treppen und Bodenbeläge

1. *Türen schließen dicht ohne Kraftanstrengung.* ❍
2. *Türblätter fallen nicht von allein ins Schloss.* ❍
3. *Zargen, Türen und Beschläge sind ohne Kratzer.* ❍
4. *Tragkonstruktion und Treppenstufen sind beim Einbau nicht beschädigt worden.* ❍
5. *Lauftest zeigt: keine Schallübertragung in Nachbarräume.* ❍
6. *Bodenbeläge haben 1 bis 2 Zentimeter »Luft« zu Wänden gegen Verwerfen und Schallübertragung.* ❍

check

Jetzt legen wir den Garten an

Wie aus einer Baustelle ein Paradies wächst

Es dauert drei bis vier Jahre, ehe Wüstenei zu einem Garten reift, der etwas hermacht. Halten Sie empfohlene Pflanzabstände ein, auch wenn das Grundstück anfangs nackt aussieht. Denn Bäume, Gehölze und Stauden machen sich breit, so kommt vielleicht Ihre Gartenplanung durcheinander: Sie müssen Pflanzen versetzen, haben aber keinen Platz mehr.

Den Umzug haben Sie gepackt, langsam werden Sie heimisch in Ihrem neuen Haus. Davor und dahinter sieht es sicher wüst aus: Der Humushaufen vom Aushub ist wild bewachsen, hier lagert ein Stapel Mauersteine, dort eine Palette Dachziegel. Der Bauunternehmer holt partout seinen Schuttcontainer nicht ab, das Auto parkt unter freiem Himmel – von einem gepflegten oder gemütlichen Garten noch keine Spur.

Grundstück aufräumen

Sobald erste Frühlingssonne lockt, ziehen Sie mit Ihren Liebsten nach draußen: Jetzt wird rund ums Haus aufgeräumt und das grüne Wohnzimmer angelegt. Suchen Sie zuerst einmal die Grenzsteine für Ihr Grundstück. Sie gehen durch Buddeln und Fahren auf dem Bauplatz manchmal verloren. Sind sie nicht mehr aufzufinden oder verrutscht: Lassen Sie das Grundstück neu vermessen und vermarken – so beugen Sie jeglichem Streit mit den Nachbarn um »Mein« und »Dein« vor.

Gräben füllen Der Arbeitsraum um den Keller klafft noch, Sie balancieren über ein Brett ins Haus, und quer übers Grundstück tut sich der Graben mit den Anschluss- und Entwässerungsrohren bis zur Straße auf. Handwerker neigen dazu, in Erdlöcher alles Mögliche hineinzuwerfen – Sie klauben jetzt sämtliche Holzreste und Styroporstückchen, Zementsäcke und Flaschen, Mauersteine und Betonbatzen heraus. Scharfkantiges Material zerscheuert die Abdichtung der Kellerwand, organisches zersetzt sich im Lauf der Jahre zu Hohlräumen, über denen sich der Boden senkt. Decken Sie die Drainagerohre und alle übrigen Erdleitungen mit Kies ab, das können Sie mit der Schaufel selber machen. Schieben sie dann mit einem Leihfahrzeug den groben Baugrubenaushub in Arbeitsraum und Gräben und verteilen Sie ihn auf dem Grundstück – jeweils Lage für Lage. Jede muss mit einer Rüttelplatte sorgfältig verdichtet werden, bevor als lockere Deckschicht der Humus ausgebreitet wird. Die Grobplanie zehrt Kräfte, die Ihnen nach allem Bau- und Umzugsstress vielleicht fehlen, der Bau-

Carport bauen:
❶ Fundamente ausheben
❷ Elemente bauen, provisorisch mit Latten verstreben, Anker montieren
❸ Stützen anklemmen und die Seiten aufrichten
❹ Anker einbetonieren
❺ Querträger und Dachsparren montieren
❻ Dachstuhl diagonal stabilisieren mit Stahlband
❼ Schuppen abteilen mit Pfosten und Brettern
❽ Anstrich passend zum Haus wählen

unternehmer bewegt mit seiner Planierraupe die hohen Erdhaufen für etwa 6 Euro pro Quadratmeter Fläche. Sie zahlen also für das Planieren eines 400-Quadratmeter-Gartens etwa 2 500 Euro, können sich aber umso schneller Aufgaben widmen, die weniger Knochenarbeit bedeuten: gestalten, pflanzen – und genießen. Für den Roh- und Innenausbau gab es eine sinnvolle Reihenfolge der Arbeiten, sie mussten Hand in Hand gehen. Im Garten entscheiden Sie selbst, was am wichtigsten ist und was Zeit hat. Darf der Hund nicht auf die Straße laufen, bauen Sie zunächst den Zaun. Haben Sie aus Kostengründen die Garage auf später verschoben, finden Sie einen Carport vorrangig. Träumen Sie von Ernte noch in dieser Saison, legen Sie Gemüsebeete an.

Auto abstellen

Fertiggaragen gibt es ab 2 500 Euro, eine herkömmlich gebaute Garage kostet 5 000 bis 10 000 Euro. Wer so viel Geld jetzt nicht mehr flüssig hat, verteilt die Investitionen für den Parkplatz über Jahre und steigert den Komfort allmählich. Preiswerte Lösung für den Einstieg: Sie parken Ihr Auto auf einer Kiesfläche oder zwei Fahrspuren aus Betonplatten. Ein Unterbau aus Schotter, Kies und Sand verhindert, dass Regen die Zufahrt aufweicht und das Gefährt einsinkt. Die Fahrstreifen kosten Sie etwa 500 Euro. Münden die in einen Stellplatz mit Betonpflaster von etwa 15 Quadratmeter Fläche, rechnen Sie rund 1 000 Euro dazu. Stufe Drei: Sie bauen – mit Ihrem Sohn oder Freunden – einen Carport über den Stellplatz. Was Sie brauchen und wie es geht, sehen Sie auf den Zeichnungen rechts.

Garten anlegen

Vergrößern Sie auf dem Kopierer den Lageplan Ihres Hauses, zeichnen Sie darauf Erdleitungen ein, den Kanalschacht und die Regenwasserzisterne – dort können Sie keine Bäume pflanzen und keinen Teich anlegen. Markieren Sie den Baumbestand auf Ihrem Grundstück, Nachbarbäume entlang der Grenze und jeweils den Schattenbereich. Darin ist es zu kühl für Sitzecke oder Gemüsebeet, aber vielleicht schön zum Grillen am Abend. Schneiden Sie Pappschablonen aus für alles, was Sie sich in Ihrem Garten wünschen: Gartenhaus und Teich, Bank und Brunnen, Kinderschaukel und Hasenstall, Blumen- und Gemüsebeete, Apfelbaum und Komposthaufen. Schieben Sie die Schablonen hin und her, bis sich das Puzzle aus Gartengröße und Vorstellungen fügt. Rücken Sie Plätze und Pflanzen nicht zu dicht aufeinander, um alles unterzubringen. Lassen Sie freie Flächen, auch für die Kinder und Haustiere, verabschieden Sie sich von einigen Wünschen, oder verschieben Sie sie auf später: Für den Teich etwa wird ein Platz frei, wenn die Kinder zu alt sind für den Sandkasten.

Gebrauchtes Gartenmaterial wie Platten und Steine findet man in der Zeitung, nicht immer ist es billiger als neue Ware. Vergleichen Sie stets die Preise. Terrassenbeläge verlegt man in ein Sandbett, Randsteine müssen rundum betoniert werden. In die Fugen kehren Sie Sand, dann wackeln die Steine nicht.

Anregungen Gartenarchitekten helfen, Ihren Garten zu planen – Beratungen kosten zwischen 50 und 75 Euro pro Stunde. Günstiger kommen Sie weg, wenn Sie sich aufmerksam in den Nachbargärten umschauen: In welchem würden Sie sich wohl fühlen, und was gefällt Ihnen daran? Was wuchert jenseits des Zauns üppig, welche Pflanzen scheinen zu verkümmern?

Spar-Tipps Viele kleine Ausgaben läppern sich zur großen Rechnung. Starten Sie bescheiden – und billig. Geben Sie der Gartenerde vor der Bepflanzung neue Nahrung. Preiswerter als Düngemittel sind Lupinen: Gelbe Blüten reichern saure Böden an, blaue Lupinen verbessern neutralen und alkalischen Boden – das Landratsamt analysiert Ihre Bodenproben und gibt Tipps für die Pflanzenauswahl. Fragen Sie Nachbarn und Freunde nach Samen und Ablegern. Viele Gartenfreunde sind froh, wenn sie ihre Stauden durch Teilen verjüngen können und nichts wegwerfen müssen. Dicht stehende Sonnenblumen ersetzen im ersten Gartenjahr den Zaun. Legen Sie gegen Ende April Sonnenblumenkerne ins Freiland und decken Sie Erde dünn darüber, die Blumen blühen ab Juli. Eine Hecke aus Liguster oder Johannisbeere lässt sich aus Steckhölzern ziehen: Schneiden Sie im Spätherbst 25 Zentimeter lange Triebe ab und stecken Sie sie in die Erde – im Winter mit Laub oder Tannengrün bedecken. Baumärkte und Pflanzencenter reduzieren im Herbst die Preise für Obstbäume, Rosen und mehrjährige Stauden, auch für Gartenmöbel, Grills und Sonnenschirme – warten Sie mit Bepflanzung und Anschaffungen, bis es Schnäppchen gibt. Dann haben Sie natürlich nur zur Auswahl, was noch angeboten wird. Möchten Sie ganz gezielt bestimmte Pflanzenarten, Sorten oder Farben oder eine besondere Gartenliege: Zum Geburtstag haben Sie sicher einen Wunsch frei.

▶ **Gärtnern: Tipps zu Bäumen und Gehölzen, Rosen und Stauden, Gemüse und Beerenobst finden Sie unter www.garten.de**

Den Garten planen: Schritt für Schritt ins Paradies

Wie soll aus den Erdhaufen rund um das Haus jemals ein Traumgarten werden? Wovon träumen wir überhaupt? Diese Checkliste verrät Ihre Wünsche. Kreuzen Sie an – und hören Sie mal, was Ihre bessere Hälfte und die Kinder dazu sagen.

Wie frieden wir unser Grundstück ein?

1. *Ich finde einen Zaun gut – man versperrt sich nicht die Aussicht und muss nur alle Jahre die Latten streichen, statt zweimal pro Saison Hecke schneiden.* ❍
2. *Eine Hecke gefällt mir besser: Wenn sie erst mal hoch genug ist, linst einem keiner mehr in den Garten und blühende Büsche muss man nicht mal schneiden.* ❍

Wie legen wir den Weg zur Haustür an?

1. *Mir gefällt, wenn man die Haustür von der Straße aus sieht: Ich wünsche mir einen geraden Weg, mindestens 1 m breit.* ❍
2. *Ich finde verschlungene Wege romantischer.* ❍

Englischer Rasen, Bolzplatz oder Blumenwiese?

1. *Ich habe es gern gepflegt, scheue wöchentliches Mähen nicht: Ich möchte Englischen Rasen, das ist für mich ganz klar!* ❍
2. *Kommt nicht in Frage: Die Kinder und der Hund würden ihn rasch verwüsten. Wir brauchen robuste Spielfläche.* ❍
3. *Eine Blumenwiese wäre toll. Damit sie nicht versteppt, würde ich sogar lernen, mit einer Sense zu mähen. Oder ich kümmere mich um jemanden, der das kann.* ❍

Wo ist der beste Platz für Terrasse oder Sitzecke?

1. *Ich möchte schnell frische Kräuter in die Küche holen, und ich esse gern draußen: Ich baue die Terrasse vor die Küche.* ❍
2. *Ich schmökere viel, trinke dazu ein frisches Bier oder ein Glas Wein: Ich wünsche mir eine Terrasse vor dem Wohnzimmer.* ❍
3. *Ich bin Grill-Weltmeister und will zünftig feiern: Ich lege den Sitzplatz abseits vom Haus.* ❍

Welcher Bodenbelag für Terrasse und Sitzplatz?

1. *Betonsteine sind billig, und man kann sie selbst verlegen.* ❍
2. *Ich hätte lieber einen charmanten, natürlichen Belag: Holzroste oder Planken verwittern zwar, gefallen mir aber besser.* ❍
3. *Zu unserem Haus passt Granit- oder Klinkerpflaster am besten. Kostet zwar ein kleines Vermögen, hält dafür ewig.* ❍
4. *Mehr als ein preiswerter Kiesbelag ist wohl momentan nicht drin.* ❍

Blumenrabatten, Gemüsebeete – oder beides?

Ja, ja, ja! Und Beerensträucher, Obstbäume, Tomaten … ❍

Die Plackerei mit dem Gemüse lohnt sich doch gar nicht. ❍

check

So nehmen wir den Bau richtig ab

Arbeiten begutachten, Rechte wahren

Laien erkennen Mängel selten auf den ersten Blick. Bauherren sollten sich für rund 1,5 Prozent der reinen Baukosten Rat von außen holen, empfiehlt der TÜV Rheinland.

Man unterscheidet zwei Arten der Bauabnahme: behördliche und private. Das Bauordnungsamt und beteiligte Genehmigungsbehörden wie Wasserwirtschaftsamt und Forstamt, Denkmalamt und Brandschutzamt begutachten Rohbau und fertiges Haus, prüfen jeweils Gebäudemaße und Statik, Schall-, Wärme- und Brandschutz, der Kaminkehrer untersucht Schornstein und Heizkessel. Ohne Einwände gilt das Haus als behördlich abgenommen, Sie bekommen Protokolle über die baurechtliche und bautechnische Mängelfreiheit Ihres Hauses. Diese zeigen jedoch lediglich, ob Sie sich als Bauherr an die Formalien gehalten haben. Überspitzt formuliert: Solange das Dach nicht höher gebaut wurde als genehmigt, kann es ruhig hineinregnen. Die amtliche Bauabnahme bewahrt Häuslebauer nicht vor Schaden: Übersieht die Bauaufsichtsbehörde Mängel an einem genehmigungspflichtigen Gebäude, hat der Bauherr allenfalls in seltenen Ausnahmefällen Anspruch auf Schadensersatz. Bauen Sie gar im vereinfachten Genehmigungsverfahren ohne Baugenehmigung, verwahren sich Gemeinde und Bauaufsichtsbehörde generell gegen eine Haftung für Baumängel – weil für beide eine Prüfpflicht gar nicht besteht. Bauherren können sich nur selber vor Handwerkerpfusch schützen – mit einer privaten Bauabnahme. Warten Sie damit nicht bis zum Einzug: Hinter einer montierten Wandbekleidung lässt sich nicht mehr erkennen, ob eine Wand im Lot steht, und ein Leck in der Fußbodenheizung fällt erst auf, wenn sich das Parkett wirft. Sobald die Handwerker eines Gewerks ihre Arbeit beendet haben, müssen Sie die Leistung begutachten. Als Laie stößt man allerdings schnell an seine Wissensgrenzen. Selbst Fachleute müssen manchmal doppelt hinsehen, bevor ihnen Pfusch auffällt.

Abnahme

In vielen Bauverträgen ist leichtsinnigerweise nicht eindeutig geregelt, wann und in welcher Form Abnahmen durchgeführt werden. Wichtig: Mit der Abnahme kehrt sich die Beweislast um.

Handwerker sollen sich die Baustelle übergeben wie Staffelläufer den Stab. Lassen Sie jeweils den Nachfolger unterschreiben, dass sein Vorunternehmer ordnungsgemäße Arbeit geleistet hat.

Das bedeutet für Sie: Vor Ihrer Abnahme muss der Handwerker einwandfreie Arbeit beweisen, wenn Sie etwas beanstanden. Mit der Abnahme geht die Beweislast an Sie über: Sie müssen Mangel, Ursache und eventuell Folgeschäden beweisen, das ist nur möglich mit Überblick und Erfahrung – und wie gerichtliche Auseinandersetzungen zeigen, manchmal gar nicht. Wer zu diesem Zeitpunkt die Beweislast trägt, unterliegt – und zahlt. Vorsicht, als »abgenommen« gilt eine Leistung schneller, als Sie vielleicht ahnen. Nach der VOB, der Verdingungsordnung für Bauleistungen, gibt es vier unterschiedliche Arten der Abnahme:

Stillschweigende Abnahme Man nennt sie auch »konkludente« Abnahme, denn sie erfolgt durch schlüssiges Handeln des Bauherrn: Der Handwerker zieht ab, und Sie zahlen seine Rechnung oder nutzen seine Leistung, ziehen also zum Beispiel in das Haus des Bauträgers ein, oder schalten den Heizkessel des Installateurs an. Schon nach 6 Tagen dürfen Unternehmer oder Handwerker aus Ihrem Verhalten schließen, dass Sie ihre Arbeit akzeptieren, auch ohne Ihre ausdrückliche Zustimmung. Die 6 Tage bleiben Ihnen als Prüffrist – bemerken Sie beispielsweise ein Klopfen in der Heizung, müssen Sie dem Handwerker dies sofort mitteilen. Gültig ist nur eine schriftliche Mängelrüge, die rechtzeitig beim Handwerker eintrifft. Sollte sich der Mangel erst am Wochenende herausstellen: Brief schreiben und den Handwerker vom Sofa klingeln!

Ausdrückliche Abnahme Sie heißt auch »erklärte« Abnahme: Bauunternehmer oder Handwerker haben ihre Leistung fertiggestellt und teilen Ihnen mündlich oder schriftlich mit, dass eine Abnahme möglich wäre. Dafür haben Sie ab Mitteilung 12 Tage Zeit. Machen Sie von dem Angebot zur Abnahme keinen Gebrauch, gilt ab dem 13. Tag das Motto: Schweigen bedeutet Zustimmung. Für die ausdrückliche Abnahme von Bauleistungen gibt es keine vorgeschriebene Form. Sie können durch Ihren Bau wandern, Ihrem Augenschein oder dem Handwerker vertrauen und Ihr Okay geben. Viele Bauherren verzichten sogar darauf, weil sie Konflikte peinlich finden und Schreibkram scheuen. Es gibt gewiss ganz viele Ausnahmen, aber in der Regel neigen Männer dazu, die Dinge laufen zu lassen und Mängel zu schlucken. Frauen sind oft die kritischeren Bauherren, und Handwerker lassen sich von ihnen widerstandsloser erweichen, eine Marmorplatte mit Farbabweichung auszutauschen oder das WC wieder abzubauen und in vereinbarter Höhe zu montieren.

Fiktive Abnahme Die Leistung gilt automatisch als »fiktiv abgenommen«, wenn Sie sie nicht innerhalb von 12 Tagen abnehmen. Der Handwerker macht Sie nicht auf die Abnahme aufmerksam

Abnahme: Was bedeutet sie für uns?

Mit der Unterschrift unter das Abnahmeprotokoll bestätigen Sie Ihre Zufriedenheit mit der Leistung des Handwerkers. Jetzt hat er Anspruch auf Bezahlung, und die Gewährleistungsfrist beginnt, die Garantiezeit für die Arbeit – bis zu ihrem Ablauf muss der Handwerker Mängel gratis nachbessern. Vor der Abnahme muss der Handwerker seine Unschuld nachweisen, danach Sie seine Schuld.

info

Nach der Abnahme beginnt die Gewährleistung. Zeigt sich in dieser Zeit ein Baumangel, haftet der Handwerksbetrieb – je nach Vertrag zwei bis fünf Jahre lang.

Was sollen wir zur Abnahme mitnehmen?

Ein Mangel liegt vor, wenn die Bauleistung vom Auftrag abweicht und ihr deshalb eine vereinbarte Eigenschaft fehlt, sie unbrauchbar oder weniger wert ist. Nehmen Sie also Ausschreibung und Auftrag oder die Baubeschreibung mit, vergleichen Sie diese Punkt für Punkt mit der Ausführung. Das dauert – gibt der Handwerker Eile vor, vertagen Sie sich. Leisten Sie keine Unterschrift unter Zeitdruck!

tipp

und schickt eine Rechnung: Sie sind jetzt klug und wissen, dass Bezahlen eine »stillschweigende Abnahme« ist. Also lassen Sie die Rechnung einfach liegen ... Keine gute Idee, auch dies darf nach 12 Tagen als »fiktive Abnahme« gewertet werden. Wer sichergehen will, schließt im Handwerker-Auftrag stillschweigende oder fiktive Abnahme aus und vereinbart als zwingend eine förmliche Abnahme nach Fertigstellung der Leistung.

Förmliche Abnahme Sollten Sie sich die Beurteilung der Leistungen nicht zutrauen, bevollmächtigen Sie mit dieser Aufgabe Ihren Architekten, den Bauleiter oder einen unabhängigen Sachverständigen – übertragen Sie ihm die »förmliche Abnahme«. Banken und Versicherungen als Kreditgeber bieten zunehmend die Überwachung von Erdarbeiten und Roh- und Innenausbau an. Baucontrolling während der Bauphase, Zwischenabnahmen und Schlussabnahme durch Geologen und Ingenieure soll die Baufinanzierung des Instituts attraktiver machen – eine gute Sache, die den Kredit verteuert. Die Verbraucherschutzorganisation »Verband Privater Bauherren« (Ruf 040 - 23 15 50) überwacht die Bauqualität vielfach günstiger als Banken. Sie können nach jedem Gewerk anrufen und eine Zwischenabnahme erbitten, das Gleiche gilt für den Bauherren-Schutzbund (Ruf 030 - 312 80 01) und den TÜV Bau und Betrieb (Ruf 089 - 579 125 40).

Abnahmeprotokoll Der Ablauf einer förmlichen Abnahme ist in der VOB geregelt: Handwerker und Fachkraft besichtigen die Baustelle, sobald ein Gewerk fertiggestellt ist. Natürlich dürfen Sie mitgehen, aber Sie müssen nicht. Bei der Begehung wird festgestellt, was korrekt ausgeführt wurde, wo sich Mängel befinden und was fehlt. Ein schriftliches Protokoll hält das Ergebnis fest. Damit es beiden Vertragspartnern Rechtssicherheit gibt und als Grundlage für eine eventuelle juristische Auseinandersetzung taugt, sollte es folgende Punkte enthalten: Adressen von Bauherr, Baustelle und Handwerker, die Teilnehmer der Baubegehung, Bezeichnung, Auftragsnummer, Beginn und Fertigstellung der Bauleistung, exakte Benennung der Mängel, Terminvorgabe für die Mängelbeseitigung und Einwände des Handwerkers. Sind Vertragsstrafen ausgehandelt, kommt ins Protokoll der Zusatz, dass sie noch eingefordert werden – fehlt er, verlischt der Anspruch. Handelt es sich um unwesentliche Mängel, unterschreiben Sie das Protokoll vorbehaltlich der Mängelbeseitigung. Bis zur tatsächlichen Abnahme bleibt der Handwerker verantwortlich für Schäden an seiner Leistung. Muss der Schreiner etwa eine falsche Verglasung wechseln und verkratzt dabei den Fensterrahmen, geht das auf seine Kappe. Würden Sie seine Leistung vor der Mängelbeseitigung abnehmen, ginge der Kratzer zu Ihren Lasten. Entdecken Sie gravierende Mängel, verweigern Sie die Abnahme vollständig bis zur Beseitigung – sobald Sie die Abnahme erklären, beginnt auch die Gewährleistungsfrist, also die Garantie für Bauleistungen.

Mängelbeseitigung

Weigert sich der Handwerker, den Mangel zu beseitigen: Stellen Sie bei Gericht einen Antrag auf ein Beweissicherungsverfahren, es bringt die meisten Unternehmen zur Einsicht, und das gerichtliche Gutachten wird – im Gegensatz zu Privatgutachten – vor Gericht als Verhandlungsgrundlage anerkannt. Friedlicher ist ein außergerichtliches Schiedsgutachten, dessen Ergebnis sich die Kontrahenten rechtsverbindlich beugen – unabhängig vom Ergebnis.

Ruhig bleiben Nicht alles, was Sie stutzen lässt, zählt als Baumangel. Was als Baumangel gilt, lesen Sie im Kasten links. Wichtig ist, was im Auftrag vereinbart wurde. Beanstanden Sie nur Abweichungen zwischen Soll- und Ist-Zustand und bedenken Sie, dass Bauen Sie dünnhäutig macht – ein Riss in der Tapete scheint katastrophal. Bevor Sie den Maler zusammenstauchen: Bringen Sie ihm ein Bier oder ein Stück Kuchen vorbei und reden Sie mit ihm – Sie werden sehen, wie schnell er den Mangel beseitigt. Vielleicht ist das sogar der Beginn einer wunderbaren Freundschaft.

▶ **Bauabnahme: Der Verband Privater Bauherren hilft Ihnen dabei. Wie Sie Mitglied werden, erfahren Sie unter www.vpb.de**

Abnahme: Wie legen wir ein Protokoll an?

Begutachten Sie die Arbeit jedes Gewerks, sobald sie fertig ist. Legen Sie ein Abnahmeprotokoll an – was drinstehen muss, lesen Sie hier. Handwerker vergessen manchmal Kleinigkeiten. Gehen Sie vor dem Einzug mit der Liste durchs Haus. Kreuzen Sie an, was unter Umständen noch erledigt werden muss.

Abnahmeprotokoll

1. *Es enthält Datum, Namen und Adressen von Bauherr, Baustelle und Handwerker/Bauunternehmer.* ❍
2. *Alle Teilnehmer der Abnahme sind genannt.* ❍
3. *Gewerk und Bauleistung, Auftragsnummer, Beginn und Fertigstellung sind aufgeführt.* ❍
4. *Vereinbarter Fertigstellungstermin und eventuelle Terminüberschreitung sind eingetragen.* ❍
5. *Vorbehalt von Vertragsstrafe ist vermerkt.* ❍
6. *Falls nötig: Alle Mängel sind aufgelistet.* ❍
7. *Bis zur Mängelbeseitigung wird der Betrag festgelegt, den Sie einbehalten.* ❍
8. *Protokoll enthält die Frist zur Mängelbeseitigung.* ❍
9. *Dem Protokoll sind Fotos oder ein Videofilm des Baumangels beigefügt, diese Anlage wird erwähnt.* ❍
10. *Bauherr und Architekt/Bauleiter/Gutachter erklären ohne Baumängel die Abnahme.* ❍
11. *Arbeiten mit kleinen Mängeln werden vorbehaltlich abgenommen, mit wesentlichen Mängeln die Abnahme verweigert.* ❍
12. *Beginn und Ende der Gewährleistung sind schriftlich fixiert.* ❍

Rundgang ums Haus

1. *Gerüst abgebaut* ❍
2. *Schuttcontainer abgeholt* ❍
3. *Baustelle aufgeräumt* ❍
4. *Traufschalung montiert* ❍
5. *Windbrett angebracht* ❍
6. *Trittstufen für Kaminkehrer auf dem Dach* ❍
7. *Balkenköpfe abgedeckt* ❍
8. *Schornsteinkopf bekleidet und Öffnung überdeckt* ❍
9. *Fensteranschlüsse verfugt und beigeputzt* ❍
10. *Fensterbankanschlüsse verfugt und beigeputzt* ❍
11. *Anschlüsse an vorgebaute Rollladenkästen verfugt und beigeputzt* ❍
12. *Holz-Schnittkanten am Dachstuhl imprägniert* ❍

Kontrolle der Innenräume

1. *Frei liegende Anschlusskabel für Leuchten mit Isolierband umwickelt* ❍
2. *Schalter und Steckdosen installiert, auch in Keller, Hauswirtschaftsraum, Abstellkammer und auf dem Dachboden* ❍
3. *Fußbodenleisten und Fliesensockel verlegt* ❍
4. *Wandfugen an Fenstern und Türen geschlossen und beigeputzt* ❍
5. *Wandfugen rund um Sanitärobjekte dauerelastisch geschlossen* ❍
6. *Über Wechsel im Bodenbelag Leisten verlegt* ❍
7. *Sämtliche Installationspläne ausgehändigt* ❍

check

Hersteller-adressen

Armaturen

Dornbracht GmbH
Köbbingsermühle 6
58640 Iserlohn
Telefon 02371 - 433-0
Fax 02371 - 433-232,
www.dornbracht.com

Grohe GmbH
Zur Porta 9
32439 Porta Westfalica
Telefon 0180/ 2 66 00 00
Fax 0180/ 2 66 11 11
www.grohe.de

Jörger
Seckenheimer Landstr. 270-280
68163 Mannheim
Telefon 0621 - 41 09 701
Fax 0621 - 41 09 710
www.joerger.de

Vola GmbH
Schwanthaler Str. 75 a
80336 München
Telefon 089 - 59 99 590
www.vola.de

Baustoffe und Werkzeuge

Fassa SRL
Via Lazzaris 3
I-31027 Spresiano
Telefon 0039 - 422 - 72 22
Fax 0039 - 422 - 88 75 09

Haniel/Fels + Hebel Bau-Industrie GmbH
Franz-Haniel-Platz 6-8
47119 Duisburg
Telefon 0203 - 806-9002
Fax 0203 - 806-9540
kommunikation@xella.com

Industriegruppe Gipsplatten
Hebelstraße 8
69115 Heidelberg
Telefon 01802 - 34 98 00
Fax 06221-9850850

Informationsbüro Spanische Fliesen
Hofaue 63
42103 Wuppertal
Telefon 0202 - 248 37 43
Fax 0202 - 248 37 10
csp@logos-kommunikation.de

IWM - Industrieverband Werkmörtel e.V.
Düsseldorfer Straße 50
47051 Duisburg
Telefon 0203 - 99 23 90
info@iwm-info.de

KS Info-GmbH
Postfach 21 01 60
30401 Hannover
Telefon 0511 - 27 954-0
Fax 0511 - 27 954-54
www.kalksandstein.de

Metabowerke GmbH
Postfach 12 29
72602 Nürtingen
Telefon 07022 - 72-0
Fax 07022 - 72 25 95
www.metabo.de

OSMO Holz und Color GmbH & Co.KG
Affhüppen Esch 12
48231 Warendorf
Telefon 02581 - 922-100
Fax 02581 - 922-200
www.osmo.de

Pfreundt GmbH
Ramsdorfer Straße 10
46354 Südlohn
Telefon 02862 - 9807 0
Fax 02862 - 98 07-99
www.pfreundt.de

Remmers Baustofftechnik GmbH
49624 Löningen
Telefon 05432 - 83 -0
Fax 05432- 3985
www.remmers.de

sto AG
Ehrenbachstraße 1
79780 Stühlingen
Telefon 07744 - 57-0
Fax 07744 - 57 21 78
www.sto.de

Wiekor/Koramic Dachprodukte GmbH
Oldenburger Allee 18
30659 Hannover
Telefon 0511-6960309-0
info@koramic.de
www.koramic.de

Ytong Bausatzhaus GmbH
Grube Messel, 64409 Messel
Telefon 06159 - 59 439
bausatzhaus@ytong.com
www.ytong-bausatzhaus.de

Fassade und Sonnenschutz

Eternit AG
Im Breitenspiel 20
69126 Heidelberg
Telefon 06224-701-0
info@eternit.de
www.eternit.de

OBI@OTTO
Alter Teichweg 25
22081 Hamburg
Telefon 040-235320
www.obiatotto.de

Reflexa-Werke Albrecht GmbH
Silbermannstr. 29
89364 Rettenbach
Telefon 08224 - 999-0
info@reflexa.de
www.reflexa.de

Roma Rollladensysteme GmbH
Ostpreußenstraße 9
89331 Burgau
Telefon 08222-40 00-0
info@roma.de
www.roma.de

Velux GmbH
Postfach 54 02 60
22502 Hamburg
Telefon 0180 - 33 33 399
Fax 0180 - 33 33 398
www.velux.de

Fertigbau

Griffnerhaus GmbH
A-9112 Griffen
Telefon 0043 - 4233 - 22 370
Fax 0043 - 4233 - 22 375

Gütegemeinschaft Fertigkeller e. V.
Flutgraben 2
53604 Bad Honnef
Telefon 02224 - 93 770
info@bdf.de

WeberHaus GmbH & Co. KG
Am Erlenpark 1
77866 Rheinau-Linx
Infoline: 0180-523 13 45
info@weberhaus.de
www.weberhaus.de

Hauselektrik

AEG/EHT-Haustechnik GmbH
Gutenstetter Str.10
90449 Nürnberg
info@eht-haustechnik.de
www.aeg-haustechnik.de

ELV Elektronik AG
26787 Leer
Telefon 0491 - 60 08 -88
elv@elv.de
www.elv.de

GIRA Giersiepen GmbH & Co KG
Postfach 12 20
42461 Radevormwald
Telefon 02195 - 602-0
info@gira.de
www.gira.de

Heiztechnik

Tulikivi Vertriebs GmbH
Wernher-von-Braun-Str. 5
63263 Neu-Isenburg
Infoline: 0180-5789005
tulikivi@tulikivi.fi
www.tulikivi.de

Zehnder-Wärmekörper GmbH
Postfach 26
77922 Lahr
Infoline 01805-055860
info@zehnder-online.de
www.zehnder-gmbh.com

Farben und Tapeten

Caparol GmbH & Co. Vertriebs KG
Roßdörfer Str. 50
64372 Ober-Ramstadt
Telefon 06154 - 71-0
neuemedien@caparol.de
www.caparol.de

Club Creation Niemann KG
Potsdamer Str. 160
33719 Bielefeld
Telefon 0521 - 92 59 90-0
CCNvertrieb@jab.de
www.clubcreationniemann.de

Heinetex Tapeten-Verlag GmbH
Siemensstr. 8
67346 Speyer
Telefon 06232 - 31 54-0
Fax 06232 - 31 54 45

ICI/Dulux Paints Deco GmbH
Itterpark 2-4
40724 Hilden
Telefon 02103 - 205800
paints-deco-de@ici.com
www.dulux.de

Osborne & Little
Telefon 089 - 236 66 000
Fax 089 - 260 60 01
www.osborneandlittle.com

Sanitärobjekte

Keramag AG
Kreuzerkamp 11
40878 Ratingen
Telefon 02102 - 916-0
info@keramag.de
www.keramag.com

Meister Service Bad + Heizung GMBH
Bamlerstr. 61
45141 Essen
Telefon 0201 - 862 25 - 0
Fax 0201 - 862 25 11
info@meisterservice-aktuell.de

Treppen, Türen, Beschläge

Hoppe AG
Postfach 12 40
35252 Stadtallendorf
Telefon 06428 - 932-0
Fax 06428 - 932-220

Treppenmeister
Emminger Str. 38
71131 Jettingen
Telefon 07452 - 886- 446
Fax 07452 - 886 - 288
www.treppenmeister.com

Vest-Wood Türen GmbH
August-Moralt-Straße 1–3
86732 Oettingen
Telefon 09082 - 71-120
Fax 09082 - 71-300

Sonstiges

Homeway GmbH
Liebigstr. 6
96465 Neustadt
Infoline: 0180-466-3929

Kopp GmbH & Co. KG
Alzenauer Str. 68
63796 Kahl a. Main
Telefon 06188 - 40 - 0
vertrieb@heinrich-kopp.de

Loft
Elgersdorf 36
91448 Markt Emskirchen
Telefon 09104 - 86 04 87
Fax 09104 - 86 04 88

Wolfcraft GmbH
Wolfstraße 1
56746 Kempenich
Telefon 02655 - 510
info@wolfcraft.com
www.wolfcraft.de

Wools of New Zealand Marketing
Postfach 4047
40687 Erkrath
Telefon 02104 - 83 31-0
info.de@canesis.com
www.woolsnz.com

Abbildungsverzeichnis

Wir danken für das Bildmaterial:

Fotos:
Archiv DAS HAUS (S. 72, 122), Argum (S. 56), Bärbel Büchner/DAS HAUS (S. 40 unten), Reiner Blunck/DAS HAUS (S. 34) Corbis (S. 32), Michael Darling (S. 28, 30 unten, 40 links, 60, 63, 69, 70 unten), Thomas Drexel (S. 79), Hans Engels/DAS HAUS (S. 85), Hubert Fridrich (S. 26), Getty Images (S. 3, 6, 44, 50, 51, 52, 54/55, 120, 121), Thilo Härdtlein/DAS HAUS (S. 19, 73), Ingolf Hatz/DAS HAUS (S. 9, 17, 25, 31, 41, 45, 47, 53, 59, 75, 87, 115, 119, 123), Peter Himmelhuber (S. 29 oben), Mauritius (S. 2, 4, 18, 64), Kai Mewes/Das Haus (S. 78 Nr. 5), Liz Morrow (s. 116, 118), Winfried Nörenberg/DAS HAUS (S. 111 Nr. 4), Thomas Wimmer (S. 40 oben), Zefa (S. 38, 39)

Umschlagabbildungen:
Umschlagvorderseite: Zefa. Buchrücken: Monika Nikolic/DAS HAUS.
Umschlagrückseite: Mauritius (oben), Jörg Winde/DAS HAUS (unten).
Vordere Umschlagklappe innen links: Haniel/Hebel (oben), Getty Images (Mitte), Wolfcraft (unten).
Vordere Umschlagklappe innen rechts: Getty Images (oben und unten), Archiv DAS HAUS (Mitte).

Illustrationen:
Jürgen Kirchner/DAS HAUS (S. 13, 67, 77, 80, 83, 102, 110, 113, 117), Anina Westphalen/DAS HAUS (S. 86)

Firmenfotos:
AEG (S. 89), Caparol (S. 99, 108, 109), Club Création (S. 111 Nr. 2), Consolan (S. 42), Dornbracht (S. 92 Nr. 1, 3), ELV (S. 95 Nr. 5), Eternit (S. 82), Fassa SRL (S. 22), Gira (S. 95 Nr. 2), Griffner (S. 78 Nr. 2), Grohe (S. 92 Nr. 2, 4), Gütegemeinschaft Fertigkeller (S. 66), Haniel/Fels (S. 98), Haniel/Hebel (S. 2, 10, 36/37, 46, 65, 72 rechts, 94, 105), Heinetex (S. 111 Nr. 3), Homeway (S. 95 Nr. 4), Hoppe (S. 3), ICI/Dulux/PQT (S. 42, 91), Industriegruppe Gipsplatten (S. 101), Infobüro Spanische Fliesen (S. 114), IWM (S. 100), Jörger (S. 92 Nr. 5), Keramag (S. 93), Kopp (S. 95 Nr. 3), KS Info (S. 95 Nr. 1), Loft (S. 106 oben), Lux-Haus (S. 70 oben), Meister Service Bad + Heizung (S. 24), Metabo (S. 14), Obi@Otto (S. 78 Nr. 4, Osborne & Little (S. 111 Nr. 1), Osmo (S. 117), Pfreundt (S. 30 oben), Reflexa (S. 78 Nr. 3), Remmers (S. 84), Roma (S. 78 Nr. 1), Sto (S. 95), Treppenmeister (S. 104), Tryba/Reckendrees (S. 79), Tulikivi (S. 88), Velux (S. 76), Vest-Wood Türen (S. 106 unten), Vola (S. 92 Nr. 6), Weber-Haus (S. 16; 20), Wiekor (S. 71), Wolfcraft (S. 48), Wools of New Zealand (S. 112), Ytong (S. 27), Zehnder (S. 90)

Impressum

Herausgeber: Redaktion DAS HAUS, Text: Beate Bühl

Streitfeldstraße 35, 81673 München
www.callwey.de
E-mail: buch@callwey.de

3. Auflage 2007

Die Deutsche Nationalbibliothek verzeichnet diese Publikation in der Deutschen Nationalbibliografie; detaillierte bibliografische Daten sind im Internet über http://dnb.ddb.de abrufbar.

ISBN 978-3-7667-1602-6

Projektleitung:
Dr. Stefan Granzow

Umschlaggestaltung und Layout:
Grafikhaus, München
Litho, Druck und Bindung:
Fotolito Longo, Bozen

Printed in Italy 2007